農ある世界と地方の眼力5

令和漫筆集

小松泰信　著

大学教育出版

はじめに

本書は、一般社団法人農協協会がインターネットで配信しているJAcom&農業協同組合新聞で、毎週水曜日に担当しているコラム「地方の眼力」の2021年度に掲載された48編からなっています。これまで出版してきた『農ある世界と地方の眼力』の第5弾です。

これまで通り、掲載順に並べるスタイルを取っており、農業・農家・農村・農協（JA）という、いわゆる「農ある世界」を巡る情況についてのウィークリー・クロニクル（週間記録帳）となります。内容は原文を尊重し、必要最小限の修正・調整にとどめました。また、個人の所属や肩書き、組織名なども初出時点のままとしています。ご了解ください

第4弾までをお読みいただいた方からは、「ネットで毎週読んでいたが、一冊にまとめられたものを、改めて最初から読むと、本当に1年間の流れが分かって良い」と、お褒めの言葉をいただいています。クロニクルならではの評価だと思っています。

本書が取り上げた主なテーマをキーワードで示すと、地方創生、コロナ禍、東京オリ・パラ、野党共闘、食料自給率、鶏卵汚職、ウッドショック、生活困窮者、食の貧困、油脂類自給率、稲作経営、主権者教育、消費税減税、デジタル信仰、地方議会、日米地位協定、水田活用交付金、ウクライナ、原発、多面的機能、地方鉄道、ヤジ規制などとなります。

一見すると、多方面にわたるテーマを取り上げたように感じられるかもしれませんが、「地方」そして「農ある世界」に少なからぬ関係性を持つ出来事について言及しており、根っこでは繋がっている問題です。

執筆を開始した当時の安倍政権から、菅政権、そして現在の岸田政権に至るまで、彼らは判で押したように地方や農

ある世界の重要性に言及します。しかし、すべてリップサービスに止まる「言行不一致政権」の連続です。「今週は何を書こうか」と、悩むことがないほど日々問題が生じていることが、何よりの証左です。そしてそのほとんどが、解決されることなく澱《おり》となって堆積し、そこに新たな澱が重なっています。「地方の眼力」というコラムも、それをまとめた本書も、問題の所在を時系列的に示すことに加えて、少しでもその解決の糸口を提示することを目指しています。

多くの方に読んでいただき、「地方」や「農ある世界」をめぐる情況が好転することに、少しでも貢献できれば幸いです。

2018年11月に第1弾を上梓したときには、第3弾程度で終わったら格好悪いから、せめて第5弾までは行きたいと秘かに思っていました。なんとか最低限の目標に到達したようで、少しホッとしています。しかしここまで来ると、欲が出てきます。すでに第6弾への仕込みは進んでいます。

毎週発表の場を提供していただいている一般社団法人農協協会と、厳しい出版事情の中、快く出版の機会をご提供いただいている株式会社大学教育出版には、厚く御礼申し上げます。

そして、引き続きのご支援をお願いします。

2022年10月

小松泰信

農ある世界と地方の眼力5

――令和漫筆集――

目次

農ある世界と地方の眼力5

――令和漫筆集――

新過疎法と地方の自立

（2021・04・07）

カレンダーを改めると4月4日に「清明」とある。「二十四節気の一。太陽が黄経《こうけい》15度に達した時をいい、現行の太陽暦で4月5日頃にあたる。万物清く陽気になる時期という意」と、電子辞書から学ぶ。現況との落差に気持ちは萎《な》えるだけ。

「みどりの食料システム戦略」に求められる策定戦略

日本農業新聞（4月6日付）は、同紙の農業者を中心とした農政モニター1133人を対象に3月中下旬に行った調査の結果概要（有効回答818）を報じている。そこでは、「みどりの食料システム戦略」（以下、「戦略」と略す）へのふたつの質問がなされていた。

ひとつは、「みどりの食料システム戦略」の認知状況である。回答結果は、「名前も内容も知っている」11・5％、「名前は知っているが、内容は知らない」30・9％、「名前も知らない」56・2％。農業者を中心としたモニターの半数以上に認知されていない。農業との関わりの少ない人たちの認知状況は推して知るべし。

3月31日付の当コラムで記した、「農政の大転換」「こうした施策の普及のためには、生産者のみならず、食品企業、外食・小売業者、消費者の理解と協力が必要」「同戦略を機に、農家と非農家市民を隔てる見えない壁を取り壊し、国民の農業理解を格段に深化させる取り組みを始める」等々のフレーズを誠実に受け止め、農業者のみならず広く国民にビジョンとプログラムを提示し、多様な意見を聴取し、皆が納得できる戦略を構築するための戦略が農水省には求められている。

もうひとつが、同戦略における意欲的な数値目標（化学農薬の使用量半減、化学肥料の使用量3割減、有機農業を全農地の25％に拡大など）の達成可能性について。回答結果は、「できる」8・7％、「できない」50・0％、「分からない」40・8％。達成可能とする人は1割を切り、不可能とする人が5割。ただし、この割合は決して絶望的なものではない。簡単にできることなら、農水省がわざわざ「農政の大転換」を打ち出すわけがない。簡単にできないことは百も承知のハズ。農水省に求められるのは、農業者や関連団体が受け入れ可能な、多様な現場の状況に即した工程表（ロードマップ）を早急に創り上げること。

過疎地の問題は過密地の問題でもある

「過疎地域自立促進特別措置法」（以下、「旧過疎法」と略す）が3月末で期限を迎えることを受け、「過疎地域の持続的発展の支援に関する特別措置法」（以下、「新過疎法」と略す）が3月26日に成立した。4月1日施行で期間は10年間。

新過疎法と旧過疎法の違いを、法第一条（目的）の違いから見ることにする（強調文字は小松）。

新過疎法：この法律は、人口の著しい**減少等**に伴って地域社会における活力が低下し、生産機能及び生活環境の整備等が他の地域に比較して低位にある地域について、総合的かつ計画的な対策を実施するために必要な特別措置を講ずることにより、これらの地域の**持続的発展を支援**し、もって**人材の確保及び育成**、**雇用機会の拡充**、住民福祉の向上、地域格差の是正並びに美しく風格ある国土の形成に寄与することを目的とする。

旧過疎法：この法律は、人口の著しい**減少**に伴って地域社会における活力が低下し、生産機能及び生活環境の整備等が他の地域に比較して低位にある地域について、総合的かつ計画的な対策を実施するために必要な特別措置を講ずることにより、これらの地域の**自立促進を図り**、もって**住民福祉の向上**、**雇用の増大**、地域格差の是正及び美しく風格ある国土の形成に寄与することを目的とする。

新過疎法は、過疎地における地域社会の活力低下要因を幅広く捉えたうえで、その発展方向を展望している。それは新過疎法の前文に、「東京圏への人口の過度の集中により大規模な災害、感染症等による被害に関する危険の増大等の問題が深刻化している中、国土の均衡ある発展を図るため、過疎地域の担うべき役割は、一層重要なものとなっている」と記されていることからもうかがえる。過疎問題は、過疎地だけの問題ではなく、過密地の問題でもある、という認識である。

ゆえに、前文は、「近年における過疎地域への移住者の増加、革新的な技術の創出、情報通信技術を利用した働き方への取組といった過疎地域の課題の解決に資する動きを加速させ、これらの地域の自立に向けて、過疎地域における持続可能な地域社会の形成及び地域資源等を活用した地域活力の更なる向上が実現するよう、全力を挙げて取り組む……」ことを強調している。

気を付けておかねばならないのは、旧過疎法には無かった、「人材の確保及び育成」が支援の目的のトップに座り、「雇用機会の拡充」がこれに続き、旧過疎法ではトップに位置していた「住民福祉の向上」が、これらの後に置かれていること。

過密地の課題解消策が、過疎地の課題解消策となることを否定はしない。しかし、もしそれによって「住民福祉の向上」が蔑《ないがし》ろにされれば、それは本末転倒である。

新過疎法へのふたつの姿勢

この問題について、京都新聞（4月5日付）と信濃毎日新聞（2月22日付）の社説は、異なる対応を提起する。

京都新聞は、「支援の重点に挙げたのは、移住の促進や企業移転による雇用創出▽テレワークや遠隔医療・遠隔教育などデジタル化推進▽交通手段や買い物・子育て環境確保―などだ。（中略）過密リスクを避け、テレワークが広がる中、これまで人口が集まっていた東京都で昨夏から流出超過が続いている。（中略）地方の豊かな自然環境や、安らぎのあるライフスタイルへの関心が高まりつつある」ことから、「過疎地の活力向上を通じて、東京一極集中の是正と地方分散の受け皿となる『持続的発展』を掲げたといえる」と、新過疎法を位置付ける。そして、地方自治体に「生活や通信などインフラ整備に加え、仕事や子育て環境のきめ細かな支援や特色を打ち出していく必要があるだろう」と、積極的な姿勢を求める。

他方、「安心してはいられない」と題して慎重な姿勢を示すのが、信濃毎日新聞（2月22日付）である。

「デジタル改革のような国の方策に誘導するのでは、請け負う都市の企業が予算を回収する結果にならないか。過疎対策には成果が乏しいとの批判も付きまとう」と、慎重な姿勢を示す。そして、「『地方創生』と同様、政府が経済成長を軸に路線を敷き、地方を従わせる手法から改めなくてはならない。自治体が固有の資源を生かし、自由に施策を実践できる仕組みこそ求められる」とし、「豊かな景観を守り、食料や水資源、木材、自然エネルギーを供給する農山漁村の将来は、都市の人々の暮らしにも結び付く。自治体は住民との対話を深めつつ、議論を主導し、地方振興策を現場に見合う中身へと転じていきたい」と、まずは当事者である過疎地に自立した姿勢を求めている。

両社説は一見対立しているようだが、両方の視点が無ければ過疎問題も過密問題も解消することはできない。過疎問題を国土全体の問題として捉えねばならないことを新過疎法は訴えている。

ただし、地方に自立した姿勢がない限り、間違いなく地方はいつまでも食い物にされ続ける。

「地方の眼力」なめんなよ

「ワクチン敗戦国」ニッポンの狂気

（2021・04・14）

4月13日、大阪府内で確認された新型コロナウイルスの新規感染者が1099人の千人超え。もちろん過去最多。イソジンの効果は無かったようだ。皮肉なことに、この日、万博公園で異様な聖火リレーが始まった。何のために、誰のために？

東京オリンピックは日本と世界にとって「一大感染イベント」

毎日新聞（4月13日付夕刊）によれば、12日付の米紙ニューヨーク・タイムズは、東京オリンピックの開催が「最悪のタイミング」で、「一大感染イベント」になる可能性があることを報じている。「このままの五輪でいいのか」と題した評論記事で、「五輪の在り方を再考すべき時が来ている」との主張に加えて、東京五輪が当初予算を大きくオーバーし、国民の多くは大会の延期か中止を求めていることも指摘。また現在の五輪が「スキャンダルまみれだ」と強調するとともに、「五輪はホスト都市の貧しい労働者に苦しみをもたらした」などと批判。抜本的な五輪改革案として、人権軽視国での開催中止や、選手の発言権の拡大、複数国での開催などを提案、とのこと。

それでも開催ーIOC

ところが、日テレNEWS24（4月14日3時23分配信）は、IOC（国際オリンピック委員会）がビデオメッセージを公開し、「大会は確実に開催される」と断言したことを伝えている。

IOCコーツ調整委員長は、「大会は確実に開催される。私はこの大会が開かれ、もっとも安全な大会になると断言できる」「選手や観客の安全を確保するため、あらゆる対策が実施される」と述べ、開催によって「パンデミックに人類が勝利したことを示すことができる」と意義を強調したそうだ。

「人類が新型コロナウイルスに打ち勝った証しとしてのオリンピック開催」だそうだが、現下の第4波は「打ち勝っていないことの証し」。よって開催はできない。「開催すれば勝利する」と言わんばかりの発言に、思わず「コーツ、何も分かっていないな」。

コロナに怯える国民はオリンピック開催を求めない

共同通信が行った全国世論調査（4月10日～12日、有効回答1015）によれば、東京五輪・パラリンピックについて、「開催するべきだ」24・5％、「再延期するべきだ」32・8％、「中止するべきだ」39・2％、との回答結果。7割の人が、約100日後の開催に反対している。

その最大の理由は、コロナ禍が収束していないことにつきる。

まず、「政府の新型コロナウイルス対応」について、「評価しない」が56・5％、「評価する」が35・9％。

つぎに、「ワクチン接種の全体状況」に「不満を感じている」人が60・3％。ワクチン接種の遅れが低評価の主たる理由。

さらに、「新型コロナウイルスの感染再拡大」について、「不安を感じている」が62・5%、「ある程度不安を感じている」が30・1%。9割を超える人が「感染再拡大」に不安を感じ、国民皆不安状況といえる。

65歳以上の高齢者に対するワクチン接種が12日に始まった。政府は、速報値として初日に受けた高齢者は1139人と発表した。

明らかに少ない。そして遅い。67歳の筆者、いつになったら接種できるのやら。もちろん不安。

私の知人が今年1月にコロナに感染したことを最近、本人から聞いた。エクモが使える病院での治療が必要なほどの病状で、死をも覚悟したそうだ。回復後も味覚、嗅覚が失われる後遺症あり。病状もさることながら、孫の通園に協力していたため、園をはじめ、多方面に迷惑を掛けたと、今でも心を痛めている様子。氏の名誉のために付言すれば、基礎疾患を抱えており、人一倍コロナ感染を恐れていた。感染源は不明とのこと。

「ワクチン敗戦国」ニッポンで恐れるのは当たり前でしょうが!

AERAdot.(4月13日7時)は、「日本はワクチン敗戦国」とする政府関係者の言葉を伝えている。

その根拠は、政府の内部資料によると、4月5日現在での人口に対する接種率はわずか0・76%で世界60位。「1%にも満たない日本の出遅れは他国と比較しても顕著だ」とのこと。

にもかかわらず、「恐れとったら何もできないですよ。みんな全員家に引きこもって、表(の扉)を閉めときなさいって、これじゃあ、日本経済止まっちまいますよ」「それぞれの地域、市町村、過疎、過密、あらゆる都市にも、くまなく努力しただけの恩典があるんですよ。経済効果があるんですよ」と、自民党の二階俊博《ふたかいとしひろ》幹事長が4日のBSテレビ東京の番組で発言したことを、東京新聞(4月8日付)が紹介している。

記事は、「いやいや、ちょっと待ってほしい。そもそも今なぜGoToをストップしているかと言えば、新型コロナウイルス感染拡大防止のため。現在、第4波のまっただ中で、感染力が強いとされる変異株の拡大も不気味なのに、GoTo再開は正常な判断と言えるのだろうか」と、疑問を呈している。

「経済を回す」という言葉が何の疑いも無く使われる時、その背後に「国民の生活や生命の犠牲は、経済を回すための必要経費」と、言わんばかりの考えがうかがえる。冗談じゃないよ！「守らねばならない経済、回さねばならない経済」とは何か。国民の命を犠牲にしてまで、経済を回す必要なし。こんなことも分からないから、老害だっていわれるの、二階さん。聞こえてる⁉

増加に転じた女性の自殺者数、そして福島

3月末の速報値で、女性の自殺者数が655人。昨年12月から591人、557人、539人と微減傾向にあったが、2月比21・5%増。508人だった前年同月比28・9%増。女性を取り巻く状況は厳しい。今のままでは、救える命が救えない。

前述の世論調査で、44・0%もの人が菅《すが》内閣を支持していた。支持する理由として最も多いのが、「ほかに適当な人がいない」で51・0%。まさに消極的支持層に支えられての支持率である。その消極的支持が、「後手かつ誤手」の現政権を存命させている。

13日、政府は福島第1原発処理水の海洋放出を正式に決定した。

西日本新聞（4月14日付）で、林薫平《はやしくんぺい》氏（福島大准教授）は、政府主催の意見聴取会合で、関係する団体や自治体の代表者に「県内の陸上か大気か海洋か、処分先を選べと言わんばかりの姿勢を政府が示した」ことを紹介し、沖縄の人たちに普天間か辺野古かを迫る姿勢と重なることを記し、「そんな暴力的な国の姿勢を変えられるのは国民だけである」と訴えている。

人間を大切にしない、狂気に満ちたこの国を、少しでもまともなものにするために、当コラムは発言し続ける。

「地方の眼力」なめんなよ

医食同減し銃充実す

（2021・04・21）

「医食住は生活の基礎」という書き出しのレポートを受け取ったことがある。日本語としては、医は衣でなければならない。しかし、学生の眼には衣服の充実以上に、医療の充実が生活を支えている現実が映っている。確かに「医食同源」との教えもある。

三度目の正直ですか

政府は4月20日、東京都、大阪府、兵庫県に三度目となる緊急事態宣言を発令する方針を固めた。

瀬戸際、勝負、正念場、そして三度目の緊急。オオカミ少年のごとき笑うに笑えぬ醜態に、三度目の正直を願いつつも、仏の顔も三度までとまなじりを決する。

毎日新聞（4月21日付）は、「大阪府では重症者数が重症病床数を超える危機的状況に陥り、20日、緊急事態宣言の発令要請に至った。府は矢継ぎ早の飲食店対策や病床確保要請で対応を進めたが、後手に回った側面は否めない」とする。

そして「重症者は5日の143人から20日には317人に倍増。年度替わりで新型コロナの患者の治療に当たる医師や看護師らを十分に確保できていない医療機関も多く、13日以降は重症者数が重症病床を上回っている。20日現在、重症者のうち60人は重症病床に移れず、軽症・中等症病床での治療が続いている」ことなどから、20日の府対策本部会議で朝野和典《とものかずのり》氏（大阪健康安全基盤研究所理事長、感染制御学）は「医療崩壊と言っていい」と指摘し、なりふり構わない府の対応に、ある府幹部は「緊急事態中の緊急事態だ」と嘆いているそうだ。

凄絶かつ哀絶な医療現場の実態

4月17日放送のNHKスペシャル「看護師たちの限界線〜密着 新型コロナ集中治療室〜」は、東京女子医科大学病院の集中治療室にカメラを据え、看護師たちを捉え続けた。その凄絶《せいぜつ》（非常にすさまじい様）かつ哀絶《あいぜつ》（あわれこの上ない様）なコロナ最前線の実態に言葉を失った。

凄絶とは、約1kgの防護マスクをつけ、防護服で体を覆い、汗だくで働き、休息のいとまもない過酷な勤務実態。哀絶とは、過酷な勤務実態に見合わぬ報酬（前年の半分ほどの夏の賞与、6割程度の冬の賞与、定期昇給見送り）。襲ってくる無力感、看護師不足の現場を支えるために動員される定年退職者や妊娠中の看護師、心身のバランスを崩し二カ月半の休職に入る看護師や自分を責めながら後ろ髪を引かれるような思いで辞めていく看護師の姿。

政治家が医療現場に行く必要はない。邪魔なだけ。普通の神経なら、この番組を観るだけで不作為の罪を自覚できるはず。

ワクチンはまだですか!

毎日新聞(4月20日付)は、同紙と社会調査研究センターが、4月18日に実施した全国世論調査の概要を伝えている。有効回答1085。コロナ関連の質問への回答概要は次の通りである。

(1)菅政権の新型コロナウイルス対策への評価については、「評価する」19%、「評価しない」63%。

(2)まん延防止等重点措置の効果への期待については、「期待する」21%、「期待しない」70%。

(3)ワクチン接種の進め方については、「遅い」75%、「遅いとは思わない」17%。

(4)ワクチン接種が可能となった時の対応については、「すぐに接種する」62%、「急がずに様子を見る」33%、「接種しない」4%。

小国ニッポンに求められる政策

崩壊しつつあるのは医療の現場だけではないようだ。

日本農業新聞(4月19日付)において、山口二郎《やまぐちじろう》氏(法政大教授)は、「深層においては日本の政府が一定の目的のために適切な政策を立案し、責任を持って遂行する能力を失っている」として、「私たちは大国ではなくなりつつあるという現状認識を基に、日本の将来を構想するしかない」との認識を示した。

そして、次のような政策の方向性を提言する。

ひとつには、「目先の金もうけのためにすぐ役立つ技術の開発に資金をつぎ込むのではなく、植物を育てるように根を大事にする政策」。

もうひとつには、「大国でなくても国民が生きていけるように、社会、経済の仕組みを徐々に転換することが必要である。（中略）これからは大国ではない生き方を身に付けることが、国民の安全のために不可欠である。そのためには、食料とエネルギーの自給率を高めることが必要である」ことを指摘し、「脱大国の農業は国民を養う基礎的な食料を供給することを基本的役割とするべきである」と、農政の方向も示唆している。

ＲＣＥＰから見えるもの

残念ながら、山口氏の提言とは真逆の方向に農政は動いている。

衆院は4月15日の本会議で、日本、中国、韓国、東南アジア諸国連合（ＡＳＥＡＮ）など15カ国による地域的な包括的経済連携（ＲＣＥＰ）協定の承認案を可決し、参院に送付した。6月16日までの今国会での承認が確実となった。

野上浩太郎《のがみこうたろう》農水相は「国内農林水産業に特段の影響はない」と答弁しているが、鈴木宣弘《すずきのぶひろ》氏（東京大大学院教授）は、日本農業新聞（4月20日付）でＲＣＥＰが及ぼす影響の暫定試算を示し、今後の農政のあるべき姿を示唆している（編集部注：4月15日付、ＪＡcomの鈴木教授コラム「食料・農業問題　本質と裏側」も参照）。

（1）日本の国内総生産（ＧＤＰ）増加率が2・95％と突出し、ＡＳＥＡＮなどの「犠牲」の上に利益を得る、「日本一人勝ち」となる。
（2）農業生産の減少額は5600億円強。野菜・果樹の損失が860億円で、農業部門内で最も大きい。
（3）突出して利益が増えるのが自動車分野で、約3兆円の生産額増加。
（4）（2）（3）より、「農業を犠牲にして自動車が利益を得る構造」がＲＣＥＰでも「見える化」された。
（5）以上から、企業利益追求のために、国内農家・国民を犠牲にしたり、途上国の人々を苦しめたりする交渉を再考する必要がある。

銃の充実はまっぴらだ

他国を巻き込みながら、自国の農業や食料事情を悪化させるこの国の政策は、医も食も共に衰退させ、医食同「滅」を間違いなく引き起こす。今回の「日米共同声明」が、住ならぬ銃の充実をもたらすように。

「地方の眼力」なめんなよ

（2021・04・28）

野党共闘の要諦

4月25日に行われた、参院広島選挙区再選挙と長野選挙区補選、衆院北海道2区補選の3つの選挙で自民党が全敗した。

地元紙社説の論評

広島選挙区では、諸派「結集ひろしま」の宮口治子《みやぐちはるこ》氏が初当選。

中国新聞（4月26日付）は、ズバリ「カネまみれ選挙がはびこる広島県――。そんな汚名への怒りを有権者が示したと言えよう」の書き出し。大規模買収事件で有罪判決が確定した河井案里《かわいあんり》氏の当選無効に伴う再選挙だったことから、「金権政治への憤りが広がり、得票の追い風になったのだろう」と分析する。

自民党の候補者は、政治改革を進める覚悟を示し、応援演説の自民党議員らも「問題の議員は離党した。悪い部分は取り除いた」と党刷新を訴えたが、傷ついた党のイメージはなかなか回復できなかった、とのこと。「県連の反対を押し切って案里氏を立候補させ、積極的に支援したのは当時の党総裁で首相の安倍晋三《あべしんぞう》氏や、官房長官だった菅義偉《すがよしひで》氏らである。幹部が事件の責任を何も取らないのでは、信頼回復も党改革も進むまい」として、病根の未摘出を指摘する。

さらに、自民党県連に対しても、「違法なカネを受け取った地方議員の居座りを許すのか。金権政治と決別するには、一歩踏み出すことが必要である」と、金権政治一掃の姿勢を強く求めている。

長野選挙区では、新型コロナのため急逝した羽田雄一郎《はたゆういちろう》氏の実弟である立憲民主党新人の羽田次郎《はたじろう》氏が初当選。信濃毎日新聞（4月26日付）は、同紙の出口調査で、羽田氏に投票した人の約6割が政府のコロナ対策を「評価しない」と回答したことなどから、「野党共闘候補の勝利は、政府のコロナ対策に対する不信と不安の表れだ」と分析する。野党共闘に関しては、「羽田氏が確約した政策協定を巡って混乱し、一時は国民民主党が推薦を見直す意向を示した」ことから、「政策が異なる野党が与党に立ち向かう方策として、どう共闘するのか。総選挙に向け、課題を整理して解消できるかが問われる」と、課題を提起する。

また投票率が44・40％で、19年参院選よりも9・89ポイント下回ったことから、「民主主義の根幹である選挙で約半数が棄権したのは深刻だ。有権者の関心を高める政治ができているのか、与野党は自問する必要がある」と訴える。

自民党が候補者擁立を見送った北海道2区は、立憲民主党の元議員松木謙公《まつきけんこう》氏が当選。北海道新聞（4月26日付）は、与党が不戦敗を決めたことから、「有権者に選択肢の提示すらできなかった」ことを嘆き、「しかも、自民党は選挙期間中に、吉川元農水相の汚職事件の贈賄側から現金を受け取った疑いが浮上し、内閣官房参与を辞職した西川公也《にしかわこうや》元農水相を幹事長特別参与として党務に復帰させた。ここでも、まるで反省が見えない。有権者をないがしろにしたような姿勢にはあきれるばかりだ」と憤る。

全国紙社説の論評

「全敗は何より、半年間の政権運営が招いた結果である」とするのは毎日新聞（4月26日付）。新型コロナウイルス対策については、「対応が再三後手に回り、3回目となる緊急事態宣言の発令に追い込まれた。感染対策の『切り札』と位置づけるワクチンも、海外からの調達に手間取り、国民にいつ行き渡るのか見通せていない」。

日本学術会議の任命拒否問題については、「拒否の理由を説明せず、全く解決していない」。放送事業会社に勤める菅首相の長男が総務省幹部を接待した問題については、「『長男は別人格』とかわし、真相解明に向けて消極的な態度を貫いた」。

これらから、首相が掲げる「当たり前の政治」の実態は、「国民感覚からかけ離れたもの」で、「この半年間で浮かび上がったのは、国民と向き合わずに、説明に意を尽くさない独善的な首相の政治姿勢」と指弾する。

そして、「衆院解散をちらつかせたり、政権延命を画策したりするような状況ではない」として、「コロナの収束に全力で取り組み、有権者の不安や不信に応える責任」を果たすことを求めている。

読売新聞（4月27日付）は、「（自民党が）政党としての自浄作用が欠如していたのは、極めて残念だ。野党の支持率が低迷するなか、自民党『1強』に安住しているのではないか。有権者の厳しい批判を重く受け止め、信頼回復に努めることが急務」とする。

また羽田氏が、共産党の県組織と「日米同盟に偏った外交の是正」などを盛り込んだ政策協定を結んだことに、国民民主党が反発し、推薦を一時撤回するなど、あつれきが目立ったことに注目する。そして「共産党は連合政権構想を掲げている。各党は、政権選択選挙である衆院選で共闘するのなら、安全保障やエネルギーなどの基本政策をすり合わせることが重要だ」とし、「理念なき野合では、有権者の期待を裏切る結果になることを、改めて肝に銘じてもらいたい」と、野党共闘の課題に言及する。

「長野モデル」の教え

確かに現在の自民党と公明党による政権運営を見ていれば、「理念なき野合」がどれほど有権者の期待を裏切り、不安と不幸に陥れるかがよく分かる。「権力」を得ること、あるいはそこからのおこぼれを頂戴すること、その一点で集まった烏合の衆による政権運営がもたらすのは罪深き政治である。

野党共闘に問われているのは、希望に満ちた未来社会を人々に保証する「国家像」を展望し、短期・中期・長期・超長期という画期において、「譲れる理念」と「譲れぬ理念」を摺り合わせ、画期にふさわしい共通理念と政策を国民に問うことである。

信濃毎日新聞（4月27日付）によれば、記者会見で「告示前に立民、共産、社民3党の県組織などと結んだ政策協定を、国民民主党と連合が問題視した。共闘のもろさが露呈したのではないか」と問われた羽田氏は、「もろさとは思っていない。時間をかけてそれぞれの皆さんと話を深めていければ、より強固なものになる。この枠組みが全国に波及していくのではないか」と語っている。

関係者によれば、政策協定に横やりが入ったとき、一番「ぶれなかった」のが羽田氏本人。そのぶれない姿勢に支えられて、長野県内の野党共闘は、東京方面での小競り合いにはほとんど影響を受けなかったそうである。

ぶれない候補者を軸に、現場主導で政策協定が結ばれて、野党共闘が勝利したこの経験を「長野モデル」と呼ぶならば、このモデルは、野党共闘においても、地方自治の視点が尊重されねばならないことを教えている。

「地方の眼力」なめんなよ

福島と沖縄から学ばぬ国ニッポン

（2021・05・12）

4月13日、政府は、東電福島第一原発敷地内のタンクに貯蔵されているアルプス処理水（多核種除去設備を含む複数の浄化設備で処理した水）の海洋放出を決めた。この水は、放射性物質トリチウムを含んでいる。

動かぬ証拠

2015年8月25日付で、廣瀬直己《ひろせなおみ》氏（東京電力社長）から野﨑哲《のざきてつ》氏（福島県漁連会長）に発出された文書には、同年8月11日に当該漁連から出された要望書への回答が記されている。

「漁業者、国民の理解を得られない海洋放出は絶対に行わない事」という要望への回答を、原文にて記す。

・建屋内の汚染水を多核種除去設備で処理した後に残るトリチウムを含む水については、現在、国（汚染水処理対策委員会トリチウム水タスクフォース）において、その取扱いに係る様々な技術的な選択肢、及び効果等が検証されております。また、トリチウム分離技術の実証試験も実施中です。
・検証等の結果については、漁業者をはじめ、関係者への丁寧な説明等必要な取組を行うこととしており、こうしたプロセスや関係者の理解なしには、いかなる処分も行わず、多核種除去設備で処理した水は発電所敷地内のタンクに貯留いたします。

反古にされた約束

毎日新聞（2018年8月27日付）によれば、この文書発出から3年後の18年6月、近畿大学などの研究チームがトリチウムを含んだ水を除去する新技術を開発。「今は実験室レベルだが、いずれ福島でのトリチウム水の処分に貢献したい」と意欲を示した。

藁にもすがりつきたいはずの政府も東電も、支援の手を伸ばさず黙殺したことを、東京新聞（4月14日付）が報じている。

研究の中心的役割を担ってきた井原辰彦《いはらたつひこ》特別研究員によれば、「さらなる研究のために政府系の補助金を申請した。昨夏の審査で通らなかった」とのこと。さらに、大量のトリチウム水がある現地での試験を東電に打診したが、協力を得られなかったそうだ。

これ以外にも、後ろ向きの姿勢が紹介されている。そして、約束を簡単に反古《ほご》にする今回の海洋放出。国と東電を信じるな。

ちなみに、農業協同組合新聞（4月20、30日付）も緊急特集などでこの問題に多くの紙面を割いている。

家電なら「四十年」はスクラップ（越谷市の和平さん、東京新聞・5月8日付の時事川柳）

福島の原発事故を契機に、２０１２年6月に「原子炉等規制法」が改正され、いわゆる「40年ルール」（原発は運転開始から40年で原則廃炉。原子力規制委員会規則で定める基準に適合すれば、20年を超えない期間延長が可能）ができた。

そして4月28日、運転開始から40年を超えた「老朽原発」である、関西電力美浜原発3号機（美浜町）と高浜原発1、2号機（高浜町）を抱える福井県の杉本達治《すぎもとたつじ》知事は、３機の再稼働に同意した。全国初のこと。再稼働を求める国や関西電力に取っては、願ってもない知事の同意表明。知事は、原発1カ所当たり最大25億円の交付金が提示されたことを評価している。しかし、安全性や避難計画の実効性への懸念は未解消。２０２３年末までに確定すると約束している、使用済み核燃料を一時保管する中間貯蔵施設の県外候補地は未定。そして、金品受領問題も未解明。

再稼働賛成の読売新聞と産経新聞

読売新聞（4月29日付）の社説は、「原発では部品交換や計画的な補修で機能が維持され、新規制基準に基づく安全対策も導入されている」「米国でも（中略）60年運転が主流になりつつある」「10年間停止したままで、施設の劣化は進んでいない」と、不安解消に健筆を振るい、温室効果ガス削減目標達成を目指し、「原発を積極活用する方針を明確にすべきだ」と、政府に檄《げき》を飛ばす。

産経新聞（4月29日付）の社説（主張）も、「40年以上の運転をする原発に対して『老朽』の言葉が冠せられることが多いが、この表現は当たらない」とし、大規模かつ計画的なメンテナンスで「新品に近い状態」と胸を張り、「交換が難しい原子炉圧力容器は鋼材の劣化がないことを厳密に確認した上での運転延長だ」と、お墨付きを与える。

再稼働賛成は、ほぼ両紙のみ。そのみなぎる自信の科学的根拠をご教示いただきたい。

冴える福井新聞と琉球新報

福井新聞（4月29日付）の論説は、「原子炉容器は交換できない。しかも再稼働すれば、おおむね10年ぶりの運転となる。人間が不完全な存在である以上、ヒューマンエラーを防ぐのは難しく、自然災害は人知を超える」と、安全性に大いなる疑問符を投げかける。さらに、「使用済み核燃料から出る高レベル放射性廃棄物（核のごみ）の最終処分場が決まっていない現状」を憂い、「閉塞《へいそく》状況を招いた国の責任は重い」とする。そして、「電力の恩恵は主に都市部が受けているのに、特定の地方だけが難問を背負っているように見える。沖縄県の在日米軍専用施設問題と似たゆがんだ構造だ」として、「原発の諸課題には社会の矛盾が凝縮されている」と、重い課題を突きつける。

琉球新報（5月4日付）の社説も、「交付金などを用いて原発に依存する地域の財政・経済構造をつくり上げ、原発を押し付けやすくする」、このやり口が「基地政策と類似している点で、沖縄も人ごとではない」とする。そのうえで、「地域振興とセットで脱原発の道を探る必要がある」と、課題を共有する。

そして、「脱炭素社会」の実現を口実にした再稼働を「国民の安全や健康を守るという王道に逆行」したものと手厳しい。

無神経な政府がもたらす災禍

「サンデー毎日」（5月23日号）で、元村有希子《もとむらゆきこ》氏（毎日新聞論説委員）は、この国の政府の無神経さに憤る。ひとつは、老朽原発再稼働問題。「政府はこれを突破口にして、全国の老朽原発を動かそうと考えているようだ。福島の事故の収束が見通せない中、デリカシーに欠ける」と。もうひとつは、辺野古の埋め立てに、「沖縄戦の犠牲者が眠る南部の土」が使われる恐れについて。歴史認識の欠如した菅義偉首相が、「遺骨に十分配慮する」よう求めると言ったことを取り上げ、「本質はそこではない。沖縄の人々の尊厳にかかわる問題」と指弾する。そして、「福島も沖縄も、国策のツケを背負わされた上に踏みにじられている。その罪深さに気づかない人々の無神経さは深刻だ」と慨嘆《がいたん》する。

「老朽」化が問題なのは原発だけではない。元村氏が指摘する「政府の無神経さ」は、政府や政治の老朽化現象のひとつである。

自らの老いや劣化に無神経な老朽政府・政治が、取り返しのつかない災禍をもたらすことを、福島と沖縄は教えている。

「地方の眼力」なめんなよ

（2021・05・19）

黒塗り！これが本当の「ブラック霞が関」

「すべて公務員は、全体の奉仕者であって、一部の奉仕者ではない」（日本国憲法15条2項）

キャリア官僚の魅力激減

4月16日、人事院は、2021年度国家公務員採用総合職試験の申込状況を発表した。キャリア官僚と呼ばれる総合職の試験申込者数は、院卒者試験が1511人で昨年度に比べ254（14・4％）の減少、大卒程度試験が1万2799人で2166（14・5％）の減少、総合職試験全体では1万4310人で2420人（14・5％）の減少となった。女性の申込者割合は、全体の申込者数の40・3％となり、総合職試験導入以降、初めて4割を超えた。

東京新聞（4月20日付）で、人事院の試験課長補佐・田中正幸《たなかまさゆき》氏は「予想外だった」と受け止め、「地方の学生の地元志向が高まったためではないか」と語っている。

当該職は、国の政策立案や実行に深く関わるため、学業に秀でた学生の多くが目指す職業のひとつである。ゆえに、各省庁はそのような学生をひとりでも多く採用したいと考えている。にもかかわらず、志望者が激減しているこの現実を、人事院はじめ関係機関は重く受け止めなければならない。

是正されるべき長時間労働

「優秀な人材が集まらなくなれば、官僚組織は劣化し、政策の立案能力や推進力が低下しかねない。国益に直結する課題として、政府は重く受け止め、有効な手立てを講じる必要がある」とするのは読売新聞（5月10日付）の社説。「長時間労働の是正」を早急に取り組むべき課題にあげ、「業務量に応じて職員を手厚くするなど、弾力的な人事管理が不可欠だ。省庁の垣根を越えた異動も増やしたい。勤務実態を適切に把握し、業務と人員配置の見直しを進めること」を提言する。さらに、国会議員の質問通告が遅いことを問題視し、与野党に「2日前に内容を通告するという原則を順守すべきだ」と訴える。

国家公務員に、魅力的な仕事としての輝きを失わせている、より重大な問題点を他紙が指摘している。

畏縮する官僚

河北新報（5月2日付）の社説は、長時間労働の常態化といった労働環境以上に、「14年の国家公務員法改正」で、内閣人事局が設置され、人事権を握る官邸の力が強まり、官僚の内向き思考が顕著になったことを俎上《そじょう》にあげている。

安倍政権下での、「森友問題」における財務省の公文書改ざん、そして同省職員赤木俊夫《あかぎとしお》氏（享年54）の自殺。「加計学園」問題では、安倍晋三氏の腹心の友への利益誘導と官僚の忖度《そんたく》。現、菅政権下での、菅首相の長男が勤務する「東北新社」による総務省幹部の接待問題と利益誘導。

これらが物語る政官関係のゆがみから、「これまで実質的に政策の企画・立案を担当してきたキャリア官僚らが畏縮《いしゅく》している気がしてならない。志望者の先細りは、こうした実情を察してのことだと類推できる」と、核心を衝《つ》く。

中国新聞（5月16日付）の社説も、内閣人事局の設置を契機として生じた諸問題を指摘したうえで、菅首相が、政権の決めた政策の方向性に反対する省庁の幹部は「異動してもらう」と明言したことを取り上げ、「逆らえば左遷し、尻尾を振れば厚遇する――。これでは、公僕としての倫理や自由な政策論議が失われ、国民のための政治は実現できまい」と、指弾する。

官僚が奉仕するのは国民

東京新聞（4月25日付）で、今の通常国会に提出された法案にミスが続出していることを入口に、「官僚のハードワーク自体は新しい話ではない。彼ら彼女らの士気を引き下げ、内部のチェック機能を狂わせる、何か構造的な問題が起きているはず」と、見立てるのは宇野重規《うのしげき》氏（東京大教授）。

「政治の優位」とは、「民主主義の一環として、国民の負託を受けた政党や政治家が、国民の目に見える環境において、政策決定を主導すること」。

「政治家の優位」とは、「政治家が官僚を圧迫したり、逆に官僚が政治家を『忖度』したりすること」。

このように「政治の優位」と「政治家の優位」を峻別《しゅんべつ》し、「政治の優位」を目指した1990年代の政治改革が、「いつか、政治家が人事権をてこに官僚支配を強化し、結果として『政治家の優位』が自己目的化したように思えてならない」と、分析する。

そこから、「大切なのは『官僚が奉仕するのは国民』という原則の再確認である。官僚が政治家に従うのは、その背後に民意がある限りであり、政治家に服従することは自己目的ではない。逆に政策のプロフェッショナルである官僚は、その知識や情報に基づいて、時に政治家の意図と反することを提言することで、むしろ国民の利益を実現することもある」とし、「その能力を国民のために最大限活用できるよう、官僚と政治家の関係を見直す時期に来ている」と、提言する。

「#赤木ファイル」「#黒塗りはダメ」

「僕の雇用主は日本国民」「国家公務員として働けることに誇りを持っています」と、生前語っていたのは赤木俊夫氏。氏によって、公文書改ざんの一連の経緯が記録されたのが、いわゆる「赤木ファイル」。闇に葬られようとしたこのファイルの存在を政府は認め、6月23日に裁判所に提出する。

これを受けて、全国紙と多くの地方紙の社説が、その「全面開示」を訴えた。しかし、国は個人情報を楯に黒塗りに余念がない。確実に、安倍昭恵《あべあきえ》という四文字は消されるはず。さもなくば、その夫の名前が国会議員の名簿から消えるはず。

NEWSポストセブン（5月14日10時05分配信）で、赤木雅子《あかぎまさこ》氏（赤木俊夫氏の妻）は、「財務省の人は簡単に『黒塗りする』と言いますけど、やらされるのはいつだって現場の人です。夫もそうでした。現場の職員が一番辛いと思います。だから黒塗りなんかせずに、そのまま出してくれたらいいんです」と、第二第三の犠牲者が出ることを危惧《きぐ》する。

そして、「この国に良心があれば、黒塗りなんてしないはず。見捨てられるはずがない。だから思います。『ダメ。ゼッタイ。黒塗りは』という世論が報道によって高まれば、全面開示を勝ち取れるんじゃないかと。『#赤木ファイル』『#黒塗りはダメ』と、皆さんにお願いしたい気持ちでいっぱいです」と、切々と訴える。

人びとのより良き生活の実現に向けて、政策の立案と実行に誠実に向き合う、心ある官僚や国家公務員を守り、育てるために、われわれ国民にできることは、権力を笠に着て、彼ら彼女らを畏縮させる愚劣な政治家どもを国会に送り込まないこと。

「地方の眼力」なめんなよ

凶行オリンピックと民主王朝制

（2021・05・26）

「私はオリンピックそのものを廃止すべきときがきたと考えている。仮想的商品が市場を支配し、実体のある経済が壊されていく今日の状況を変えていくためにも、である」（内山節《うちやまたかし》氏、哲学者、農業協同組合新聞5月20日付）

不参加の予兆あり

共同通信（5月25日20時29分配信）によれば、台湾プロ野球を統括する中華職棒大連盟（CPBL）が25日、野球の東京五輪最終予選（メキシコ）への台湾代表の派遣を取りやめ、参加を辞退すると発表した。世界で新型コロナウイルスの感染が広がる中、選手の健康と安全を守るためで、蔡其昌《さいきしょう》会長の「非常に苦しい決定だ」というコメントを紹介している。

AFP＝時事（5月25日6時13分配信）によれば、アントニオ・グテーレス国連事務総長は、24日に開幕した世界保健機関（WHO）年次総会で、世界は新型コロナウイルス感染症との「戦争状態にある」と述べ、コロナ対策に必要な「武器」の不公平な分配に対し、戦時の論理をもって対処するよう呼び掛けた。そして冒頭演説で、コロナ危機が「苦しみの津波」をもたらしたと非難。2019年末に新型ウイルスが出現して以降、340万人余りが死亡、約5億人の雇用が失われたと指摘した。さらに、「最も弱い立場にいる人々が最も苦しんでおり、これが終わりからは程遠いことを危惧している」と、苦悩の色を隠さない。

そして、時事ドットコムニュース（5月25日11時20分）は、米国務省が24日、新型コロナウイルスの感染状況を受けた各国の渡航情報を見直し、日本の危険度を最も高いレベル4「渡航してはならない」に引き上げたことを報じた。米疾病対策センター（CDC）は、日本について「ワクチン接種を完全に終えた者でも、新型コロナ変異株に感染したり拡散させたりするリスクがあるかもしれない」と指摘。「日本へ行かなければならない場合は、渡航前にワクチン接種を終える」よう求めた。

外堀は埋まりつつある。

招かれざる客「凶行オリンピック」

毎日新聞（5月23日付）は同紙と社会調査研究センターが、18歳以上を対象に5月22日に行った世論調査の結果を掲載した。有効回答1032。主な質問注目への回答概要は以下のように整理される（強調文字は小松）。

（1）菅内閣を支持しますかについては、「支持する」31％、**「支持しない」59％**。

（2）菅政権の新型コロナウイルス対策を評価しますかについては、「評価する」13％、**「評価しない」69％**。

（3）東京オリ・パラを海外からの観客を入れずに開催する方針の評価については、「妥当だ」20％、「国内の観客も入れずに無観客で開催すべきだ」13％、**「再び延期すべきだ」23％**、**「中止すべきだ」40％**、「わからない」3％。

（4）東京オリ・パラの開催と新型コロナウイルス対策の両立については、「両立できる」21％、**「両立できない。ウイルス対策を優先せよ」71％**、「両立できないので東京オリ・パラを優先せよ」2％、「わからない」6％。

要するに、6割が菅内閣不支持、7割が菅政権のコロナ対策を評価せず、6割が今夏の東京オリ・パラ開催に反対、そして7割がオリ・パラよりもウイルス対策を求めている。

もう、内堀も埋め尽くされている。

にもかかわらず、菅政権は強行突破に余念がない。ここまでくれば、「凶行オリンピック」と呼ばざるを得ない。

キーワードは「民主王朝制」

とりわけ安倍政権以降、なぜ政権は民意に耳を傾けず、わがまま放題なのか？

この素朴な疑問を解くキーワードを教えてくれるのが、冒頭紹介した内山節氏である。氏はその著書『民主主義を問いなおす』（農山漁村文化協会）において、現在の政治状況を「民主王朝制」と名付ける。選挙という民主的な手続きを経た政権が、ひとたび権力を掌握すると、王朝的な権力を確立し、一族や取り巻きへの利権供与に腐心し、関係の深い経済界に便宜を図ることなどを指している。我が物顔で「桜」を愛でている姿を思い出すだけで、「安倍王朝」をイメージすることができるはず。

民主王朝制の打倒策

民主王朝制の打倒策のひとつは、王朝継続の命を受けた広告代理店や企画会社の情報・印象操作に惑わされず、主権者として人々の命と暮らしを守ってくれる政党に一票を投じることである。

「サンデー毎日」（6月6日号）で白井《しらい》聡《さとし》氏（京都精華大専任講師、政治学）は、「われわれがいま直面している『統治の崩壊』は、あらゆる社会領域で積み重ねられてきた、人々の『主権者たることからの逃避』の帰結ではないのか。自ら無力であることを選び、無力さを言い訳として、無力さのなかに安住する。コロナ禍が襲ったのは、すでに久しく続いているわれわれのそのような状態」とし、「『民』が主権者たろうとしない民主制とは自己矛盾であり、それがすでに内的に崩壊しているのはけだし当然のことだ」として、われわれに「主権者」であることの自覚と覚悟を求めている。

もうひとつは、権力の分散掌握である。現在の「強大な国家権力」を、複数の政党で民主的に管理運営することである。

図らずも同誌において、小池晃《こいけあきら》氏（日本共産党書記局長）は、インタビュアーの倉重篤郎《くらしげあつろう》氏（毎日新聞専門編集委員）から、野党共闘の現状を問われ、「（菅政権を）このままにしていたら国民の命を守れない。最大の感染対策は五輪の中止であり、政権交代だという声も広がるだろう。野党はその旗を正面から掲げ、結束して選挙を戦い政権を倒す。その時期が来た」と語っている。

しかし、連合、国民民主党、さらに立憲民主党にある共産党アレルギーをいかに乗り越えるかを問われて、小池氏は、「共産党と力を合わせなければ小選挙区では勝てないということは連合もわかっているはずだ」「ここで野党が本気になって、共産党を含め一つの塊になるぞということを示せば、自民党にも大きな脅威となるだろう」と、共闘への意気込みを語っている。

連合の炎上商法

ところが、毎日新聞（5月26日付）は、立憲民主党と共産党の国会議員による対談をまとめた書籍『政権交代で日本をアップデートする』（大月書店、6月18日発売予定）の出版が延期になったことを伝えている。連合が、共産党との接近を印象付ける本の刊行に不快感を示したことが一因との見方があるそうだ。

労働組合のナショナルセンターである連合が、共産党と組むぐらいなら自公政権の方がまし、なんて思っているはずがない。これは同書が国民の耳目を集め、馬鹿売れすることを企図した、連合が仕掛けた炎上商法だよね～。

「地方の眼力」なめんなよ

『自立』『希望』『いのち』としての国際協力田米（2021・06・02）

2020年度の「食料・農業・農村白書」（以下、白書と略）が5月25日に閣議決定された。

見当たらぬ食料自給率向上戦略

信濃毎日新聞（5月31日付）の社説は、白書が新型コロナウイルスの世界的な感染拡大の中で、「自然災害や家畜伝染病の多発に加え、感染症の拡大も食料供給に影響を及ぼすリスクになるとし、不測の事態に備えていく必要があると強調した」ことを「もっともな指摘」としたうえで、「では具体的にどう備えを進めていくかとなると、説得力は乏しい。安定供給への道筋が見えてこない」と、切り返す。

「輸出規制回避などのため、国際協調を進める」との決意表明を取り上げ、「当該国が深刻な不足に陥った場合にも輸入を継続できるだろうか」と疑問を呈し、「国際市場で食料が逼迫《ひっぱく》する恐れが中長期的に増すのが避けられない以上、重要度が高まるのは国内の農業生産だろう。何をどれだけ維持・拡大していくか。腰を据えた議論が必要ではないか」と、核心を衝く。

日本農業新聞（5月26日付）の論説も、「(白書が) 新型コロナウイルス感染拡大の影響を分析したが、食料自給率の向上にどう生かすか踏み込みが不足」とし、「自給率向上への戦略」の策定を迫っている。

環境配慮型農政への展開の背景

「日本の農政が環境配慮型へと大きくカジを切ろうとしている」で始まる日本経済新聞（5月27日付）の社説は、政府が目玉政策のひとつに位置付け、白書のトピックとして取り上げている「みどりの食料システム戦略」に言及している。

農水省が「有機農業が農地面積に占める比率を、２０５０年までに25％に高める目標を決定した」ことについて、「有機農業の推進は、世界の食料政策の流れになりつつある。欧州連合（ＥＵ）が30年までに農地に占める比率を25％にする目標を掲げたほか、中国なども積極的だ。日本もこうした動きに対処するのは当然のことと言える」と、評価する。

環境への配慮に加えて、「農地が狭くて生産の効率化に限界のある日本の農業にとって、農産物の付加価値を高めるうえでも意義がある」ことから、「環境への調和を内外の消費者に訴えやすい」とする。

ただし、わが国の自然条件下においては、「農薬を使わずに作物をつくるのが難しい」ことを認め、その普及に向けた品種開発や栽培技術開発への農水省の後押しや、生産者の栽培意欲を高めるための「補助金活用」の検討にまで言及している。

注目すべきは、有機農業を軸とした「みどりの食料システム戦略」を打ち上げた背景に、「２０２１年は9月の国連食料システムサミットなど、生物多様性や環境問題に関連する国際会議が予定されている。そうした機会に備え、日本の姿勢を明確にしておく必要があった」ことを指摘している点だ。

国連食料システムサミットの危機意識

「食料システムを変革しSDGs達成を～国連食糧システムサミット～」と題して白書に記されたコラムによれば、同サミット2021は、SDGsを達成するための「行動の10年」の一環として、グテーレス国際連合事務総長の呼びかけにより、今年9月にニューヨークで開催される。

「7億人の栄養不足人口、20億人の肥満又は過体重、毎年10億tを超える食料ロス、温室効果ガスの排出等、世界の食料をめぐる課題が山積する中、同サミットは、食料の生産、加工、輸送及び消費に関わる一連の活動を『システム』の視点で捉えて、その持続性の確保を世界的な共通の課題として議論し、今後のあるべき姿を示そうとする各国ハイレベルによる初めての国際会議となる」とのこと。

当然、参加国には、「状況を変える突破口となるコミットメントを行う」ことが求められている。

「『みどりの食料システム戦略』を始めとする我が国の取組について積極的に情報発信し、世界の食料システムの変革に貢献していく」と意欲満々。しかし、事態は悪化の一途をたどり、食料自給率38％のこの国が貢献できるとは思えない。

急増する世界の急性飢餓人口

日本農業新聞（5月29日付）の論説は、国連、欧州連合（EU）、政府機関、非政府機関が協力して食料危機に取り組む国際的な連合体「食料危機対策グローバルネットワーク（Global Network Against Food Crises）」が5月に発表した『食料危機に関するグローバル報告書（2021 GLOBAL REPORT ON FOOD CRISES）』から、つぎのことを紹介している。55の国と地域で少なくとも20年の「急性飢餓人口」は約1億5500万人。19年より約2000万人増で、報告書の公表を始めた17年以降最悪。飢餓拡大の要因は異常気象、紛争に加えてコロナ禍。

同紙は、「日本も緊急支援と持続可能な開発支援を拡充すべきだ」と訴え、「食と農を基軸とした命の安全保障、国際貢献の在り方を政府も国民も真剣に考えるときに来ている」と、警鐘を鳴らす。

国際協力田運動に学べ

「食と農を基軸とした命の安全保障、国際貢献の在り方」を考えるうえで参考になるのが、JA長野県グループの取り組みである。同グループは、1998年から、生産者・消費者が連携して休耕田などを活用して米を作り、飢餓に苦しむアフリカ・マリ共和国に送る「国際協力田運動」に取り組んできた。作付面積13・0a、送付数量720kgから始まり、2020年度は99・3a、2958kgの米を、NGO団体マザーランド・アカデミー・インターナショナル（命の等しさ尊さを行動で子供たちに伝える母の会）を通じて届けている。

同グループが取り組みの意味にあげているのは、「輸入大国の反省と世界への平和貢献」と「マリ共和国の自立支援」。

「国際協力田米は、〝自立〟〝希望〟〝いのち〟そのものの配布です」「全ての人々が同じ量の食糧を得られれば、世界中の紛争の50％は減少し、全ての人々が同じ質の食糧を得られれば更に40％減少する」とは、同NGO団体の言葉。

しかしピーク時には、作付面積が212・5a（2007年度）、送付数量が7680kg（2006年度）であったものが減少傾向にある。JA長野中央会は、休耕田や耕作放棄田の拡大と国際的食料危機を食い止めるために、取り組みの活性化を検討している。

政府に、わが国の水田と稲作農家、そして飢えに苦しみ食料支援を待つ、国の内外の人々を救おうとする気持ちがあるならば、この取り組みを全国展開させ、政府が一括で買い上げて、広く支援米として活用することを求める。

これこそが、国連食料システムサミットなどで世界に胸を張って示せる、日本の姿勢である。「地方の眼力」なめんなよ

「認められなかった」は「認められない」

（2021・06・09）

「菅首相は農家出身のくせに新自由主義にとらわれている。百姓の気持ちを忘れた政治をやっていけば、百姓が反乱を起こす。国民が反乱を起こす」（亀井静香《かめいしずか》氏・政治家、「サンデー毎日」6月20日号）。

政策が歪められた事実は「認められなかった」だけ

鶏卵業界は、動物福祉とも訳される、家畜を快適な環境で飼育する「アニマルウェルフェア（AW）」の国際基準を日本の実情に応じて緩和することや、鶏卵価格が下がった際に生産者を支援する事業の拡大を要請していた。

これらを背景として、吉川貴盛《よしかわたかもり》元農水相が鶏卵大手「アキタフーズ」の秋田善祺《あきたよしき》元代表から現金500万円を受け取ったとして在宅起訴された贈収賄事件を受け、養鶏・鶏卵行政の公正性を検証していた第三者委員会（座長・井上宏、弁護士）による「養鶏・鶏卵行政に関する検証委員会報告書」が、6月3日に公表された。

その概要版によれば、「アニマルウェルフェアの国際基準策定プロセス、日本政策金融公庫の養鶏事業者への融資方

針の決定プロセス、鶏卵生産者経営安定対策事業の見直しプロセスについて、9回にわたる委員会での議論、農林水産省の職員等約50名の聴取を行うなど約4ヶ月間にわたり、徹底した調査・検証を幅広く行った」調査の結果、「養鶏・鶏卵行政については、秋田元代表から吉川元大臣等への**働きかけも確認されたが、政策が歪められた事実は認められなかった。**また、秋田元代表、吉川元大臣等と職員の会食についても、**政策決定の公正性に影響を与えたとは認められなかった。**他方で、今後、養鶏・鶏卵行政に関する国民からの信頼を十分に得ていくためには、行政の透明性を更に向上させることが重要」（強調文字は小松）としている。

本報告書によれば、この調査・検証の目的は、吉川元大臣及び秋田元代表の贈収賄事件に関する事実関係の解明を行うことを目的としたものではなく、吉川元大臣、秋田元代表その他の関係者からの指示または働きかけによって、農林水産省における養鶏・鶏卵行政の公正性が歪められたかどうかを明らかにすること、とされている。

また、当事者である吉川元大臣、秋田元代表、西川元大臣については、「今後の公判等への影響を考慮して本委員会から連絡を行うことは控えることとした」とされている。

真相を曖昧にしない

「これで農林水産省の養鶏・鶏卵行政の公正性が保たれていたと結論づけるのは無理がある」と、冒頭から斬り込むのは高知新聞（6月6日付）の社説。

「元農相から職員への働き掛けがあったことは確認している」にもかかわらず、元農相ら当事者に直接聴取していないことから、「説得力に乏しい。農政がゆがめられていないのか、さらなる検証が必要」「行政の信頼性を揺るがしかねないだけに解明は不可欠だ」と、訴える。

また、立件を見送られた元農相でもあった西川公也元内閣官房参与の動きや、秋田元代表の度重なる農水省詣での証言を得ながら、「報告書は政策がゆがめられたと疑われる事実は確認できなかったとする」第三者委員会に対して、「一連の動きを見れば、その判断をうのみにはしにくい」とは同感。

さらに、「事務次官ら幹部6人は、元農相と元代表らとの会食に同席し、費用を払わずに国家公務員倫理規程に違反したとして処分されている」ことに加えて、畜産事業者との会食に関して農水省の職員に行った追加調査で、「政治家が全額支払い、同席した職員は自己負担していなかったケースも5件確認された」ことから、「規律の緩みや認識の甘さを見る思いだ」と、嘆息《たんそく》する。

「養鶏・鶏卵行政では政官業の距離が近く、行政は政治や業者からの影響を受けやすい構造にある」ので、「政策決定の過程を改善し、事業実施状況の詳細公表で透明性を向上させる」ことを訴える報告書に対して、肝心要《かんじんかなめ》は「真相を曖昧にしないこと」とズバリの指摘で締めくくる。

納得できない報告書

6月8日開催の参議院農林水産委員会で、4名の野党議員がこの問題を追及した。皆その報告書の結論には納得しておらず、「中途半端感が否めない」（舟山康江《ふなやまやすえ》氏・国民民主党）との感想も述べられた。

舟山氏と紙智子《かみともこ》氏（日本共産党）は、西川公也元農水相・元内閣官房参与の関与について問い質している。

舟山氏は、あらゆるところに顔を出している、最大のキーマンともいえる西川氏の聴取がなされていないことを問題とし、「本人の名誉のためにもヒアリングが必要」と訴えた。

舟山、紙、両氏は、2018年12月20日に開催された、吉川大臣の勧めによりセットされた「OIE（国際獣疫事務局）への対処方針を検討する会」（秋田元代表らの養鶏関係者、西川元大臣、関係国会議員数名と、農林水産省からは伏見畜産振興課長、熊谷動物衛生課長らが出席）で、「西川元大臣から、伏見畜産振興課長、熊谷動物衛生課長等に対し、2次案は受け入れられないと主張してほしい、大臣とも相談してほしい旨発言があった」点を問題視し、西川氏が「2次案に反対する主導的な役割を果たしたのではないか」と、疑問を呈した。ちなみに2次案は、止まり木等の設置を必須事項とする内容であった。

さらに紙氏は、西川氏が内閣官房参与という立場での関わりに注目し、「内閣官房を含めた調査」を強く求めた。

「確認できなかった」は「シロ」を意味しない

委員会での追及に対して、野上浩太郎農水相や農水官僚からもすっきりとした回答はなされなかった。

その土台の部分にあるのは、報告書に記されている「平成30年10月にＯＩＥコード2次案の内容を確認した時点で**我が国として反対意見を出すべきという方針が畜産振興課内では既に固まっていたと認められる。**これらのことから、吉川大臣等の指示や働きかけにより、本事案に関する政策方針や検討中の案の変更があったとは認められず、**したがって、政策が歪められた事実は確認できなかった**」（強調文字は小松）という点である。

百歩譲って、当初よりわが国は、ＯＩＥが求める鶏に優しい止まり木や巣箱の設置の義務化には反対の姿勢を決めていたので、秋田元代表らの考えと同じだった。歪めるどころか、確信を深めた、とすれば、秋田氏を代表とした鶏卵業界はニシカワ、ヨシカワ、両ドブカワに無駄金を投げ込んだことになる。だれがそんな結論を信じるものか。魚心《うおごころ》あれば水心《みずごころ》。

長期的視点から動物福祉について検討すべき時に、政治家を使い、この国での在り方を考えることを断念させる圧力が働いたとすれば、そこまでさかのぼって追及すべき由々しき問題である。

「地方の眼力」なめんなよ

鶏鳴政権交代を告ぐ

（２０２１・06・16）

6月15日農林水産省は、前回の当コラムで取り上げた、「養鶏・鶏卵行政に関する検証委員会報告書」を踏まえた、「農林水産省の改善策」（以下、「改善策」と略）を発表した。

「改善策」の要点

改善策に関するプレスリリースには、「行政の透明性を向上させ、また、幅広い視点から政策を検討するために、ＯＩＥ連絡協議会のメンバー構成や議事運営の見直し、国会議員等の仲介を受けた事業者から日本政策金融公庫の融資に関する要望を受けた場合にとった対応の記録・保存、幹部職員を対象に、利害関係者との会食について金額に関わらず届出をさせるとともに、政務三役と利害関係者が同席する会食の概要の届出をさせる省独自ルールを新たに設ける等の改善策を講じることとしました。農林水産省としては、これらの改善策を確実に実行し、二度と国民の皆様から疑念を持たれる事態が生ずることのないよう、常に国民の皆様からの厳しい視線を意識しつつ、公正で透明性のある農林水産行政の遂行に取り組んでまいります」と記されている。

なお、ＯＩＥとは国際獣疫事務局で、動物衛生、人獣共通感染症、アニマルウェルフェア（ＡＷ）及び畜産物の生産段階における安全確保に関する国際基準（ＯＩＥコード）を作成している。

「改善策」は、「ＯＩＥ連絡協議会」「アニマルウェルフェア」「日本政策金融公庫の融資」「鶏卵生産者経営安定対策事業」「利害関係者との会食」の５項目ごとに、具体的に示されている。

この中で注目したのは、「アニマルウェルフェア」に関する改善策。

そこには、「今後の我が国におけるアニマルウェルフェアの推進に当たっては、最新の科学的知見、国際的動向、流通・食品加工・外食・小売事業者の動向等の様々な要素も考慮した上で、より科学的・戦略的に対応していくべき」とする検証委員会の提言を受けて、

（ア）アニマルウェルフェアに関する最新の科学的知見や国際的動向を考慮した施策を推進するため、「国内外の研究機関等におけるアニマルウェルフェアの向上に資する研究成果の収集」「各国（欧米諸国、アジアモンスーン地域等）のアニマルウェルフェアへの取組に関する調査」「流通・食品加工・外食・小売事業者等のアニマルウェルフェアに関するニーズの把握」を恒常的に実施する。

（イ）上記（ア）により把握した情報を共有し、アニマルウェルフェアに対する相互理解を深めるため、幅広い関係者による意見交換の場を定期的に開催する。

と、記されている。

重要施策について、国際的潮流を強く意識して検討すべき時に、イロハのイとも言うべき「国内外の研究機関等におけるアニマルウェルフェアの向上に資する研究成果の収集」を、第三者委員会に指摘されて襟を正している。知を軽んじてきた報い、なんとも嘆かわしい。そもそも、何を根拠にこの国のＡＷの方向性を決定したのか、ということが問われねばならない。研究成果も収集せず、各国の取り組みも調査せず、ニーズの把握も怠っていたとすれば、「省」「役

人」の存在意義が問われる大問題である。

そこから生まれる、歪んだ政策を後押しすることはあっても、正す方には政治の力が働かなかったことだけは事実である。

「改善策」の実効性に疑問あり

毎日新聞（6月16日付）は、「利害関係者との会食」「日本政策金融公庫の融資」を中心に言及している。

「利害関係者との会食」については、「職員が会食費を自己負担したことを証明する書類の入手・保存を徹底させ、疑念を招く会食がないか省内で定期的に届け出を点検することも改善策に盛り込んだ」ものの、「幹部職員に義務付ける会食時のやり取りの作成は、現職の政務三役が同席するケースにとどめた。農水省幹部は『（作成は）相手方の理解も前提となる』などと説明し、すでに農水省を離れた政治家に配慮する姿勢もうかがえる」と、問題点を衝く。

「日本政策金融公庫の融資」へのアクセス、すなわち農相経験者でもある西川公也元内閣官房参与らの仲介により、鶏卵生産大手「アキタフーズ」グループ元代表（贈賄罪で在宅起訴）を農水省幹部が日本政策金融公庫専務に引き合わせたような「手厚い対応」については、「国会議員や同省出身者から仲介を要望された場合、職員の対応を記録し、行政文書として保存することも盛り込んだ」が、「それだけで農相経験者らの影響力を排除できるかは見通せない」とするなど、「改善策」の実効性に疑問を呈している。

日本農業新聞（6月16日付）のコラム「四季」は、今国会が16日で閉会することを取り上げ、国会議員に対して「国会を閉じるにあたって、跡を濁していないか。政治とカネにまつわる疑惑の後片付けは済んだか」と、問いかけている。

その心意気で、農業界に燻《くすぶ》る「政治とカネ」の後片付けに積極的に関わることを、同紙にも期待する。

やはり問われねばならない「政治とカネ」

東京新聞（6月16日付）の社説も、「国民が見えているのか」と題して、今国会の閉会に疑問を投げかけている。「国権の最高機関であり、唯一の立法機関である国会は、国政の調査や行政監視の権能を国民から委ねられている。その役割を果たせたのか」と、すべての議員に自問自答を迫っている。そして、新型コロナ対策や東京五輪・パラリンピックの開催強行をめぐる「尽きない疑問や不安を首相や政府にぶつけ、経済支援など足らざる対策を講じるよう迫ることこそ国会の役割だが、政府側から納得のいく答えはない。一義的に政府の責任だが、答えを引き出せない国会の責任も重大だ」と指弾する。

さらに「西川公也、吉川貴盛両元農相が鶏卵大手から現金を受領したとされる事件」を「菅首相による日本学術会議会員の任命拒否」「安倍晋三前首相事務所の『桜を見る会』前日夕食会への会費補塡《ほてん》」「参院広島選挙区での公選法違反事件」「森友・加計学園を巡る問題」と併記し、この国会に引き継がれたにもかかわらず解明されなかった問題とする。最後に「独善的な政権運営や『政治とカネ』を巡る問題は国政調査権を駆使して真相を解明し、再発防止策を講じるべき」と、全議員に猛省を促している。

興味深いイスラエルの政権交代

イスラエル国会（定数１２０）は13日、反ネタニヤフ首相で結集した8党による新連立政権を賛成60、反対59の1票差で承認した。8党は「反ネタニヤフ」だけで一致した寄せ集めで結束が弱く、政権運営には危うさも伴いそうだが、それでも代えねばならないほどのネタニヤフ政権であった、ということだろう。この点だけは、「イスラエルと共に」ですネ、中山泰秀《なかやまやすひで》防衛副大臣。

無責任五輪には三猿で臨む

（２０２１・06・23）

「国内世論は分断されたままで共感は広がっていない。これが開会を1カ月後に控えた東京五輪の現在地である」（西日本新聞・社説、6月22日付）

それほど興奮するものか

6月21日、東京五輪・パラリンピック組織委員会と政府、東京都、国際オリンピック委員会（ＩＯＣ）、国際パラリンピック委員会（ＩＰＣ）による5者協議は、東京五輪の国内観客受け入れについて、新型コロナウイルスの感染状況を踏まえ、全会場で上限を「定員の50％以内で1万人」とすることなどを合意した。

この決定を「大きな前進」と位置付け、「選手たちの卓越した技と力の競演には、何ものにも替えがたい価値がある。観客の存在は強い追い風となって選手を鼓舞し、大会の感動と興奮、歴史的な価値を高めてくれるはずだ」と興奮を隠しきれないのは、産経新聞（6月22日付）の主張。

それが、感動と興奮ではなく、感染と公憤《こうふん》をもたらしたとしても、価値があるのですか、とツッコミを禁じ得ない。

「観客を入れることに伴うリスクは軽視できない」ことを踏まえ、「政府には、人流抑制に加え、観客に競技会場への直行や観戦後の直帰などを強く呼びかけてもらいたい」と訴える。ところが、IOC委員やスポンサーなど「五輪ファミリー」と呼ばれる人々のほとんどはワクチン接種を受けて来日するとされているので、日本人観客とは「同列には扱えない」と、堂々たるダブルスタンダード。加えて、「海外から訪れる人々が、日本の『安全・安心』の証人になることも忘れてはならない」と諭してくる。

もしもの時は、彼ら彼女らがわが国の「危険・不安」の証人となることも、お忘れなく。

独善と暴走の象徴

「『普通はない』はずのパンデミック下での五輪の開催を強行し、含みを残しながらも、専門家が『望ましい』とする無観客方式を採ることもしない――。このまま突き進めば『コロナに打ち勝った証し』どころか、科学的知見を踏みにじる『独善と暴走の象徴』になりかねない。とても納得できない」で始まるのは、朝日新聞（6月22日付）の社説。

5月26日付の同紙社説は、今夏の開催中止の決断を菅首相に求めた。「その主張に変わりはないが、あくまでも大会を開くというのなら、その中でリスクの最小化に向けて採り得る限りの手段を採るのが為政者の責務だ。分科会の尾《お》身茂《みしげる》会長ら専門家有志が18日に公表した提言を真摯《しんし》に読めば、『有観客、1万人』などという話にはならないはずだ」として、「どんな状況になればいかなる措置をとるのか、わかりやすい判断基準をすみやかに国民に、いや世界に示す必要と責任がある。五輪への影響を考えて宣言や重点措置の発出・解除が左右されるようなことがあってはならない。これもまた、改めて言うまでもない当然の理である」と、国の内外を納得させる説明を求めている。

何のための、誰のための五輪なのか

「専門家の提言は生かされなかった。世論も置き去りにされたままだ」と嘆くのは、沖縄タイムス（6月22日付）の社説。

学校単位の子どもやIOCなどの関係者、招待客は観客に含まれないことについて、「『1万人+アルファ（α）』で別枠扱いとなれば上限は守られないことになる。さらに、開会式の観客数については『精査中』と答え人数さえ明らかにしなかった。スポンサー枠がいったいどれぐらいあるのか、関係者とは誰なのか。総人数や内訳を早急に明らかにすべきだ」と厳しく迫る。

さらに、「何のための、誰のための五輪なのか。五輪開催が国内のコロナ対策を遅らせたり、救える国民の命を危険にさらすことは許されない」としたうえで、「海外から訪れる選手や関係者の感染リスクはもちろん、県境を越える人の流れで、国民の命が危険にさらされるリスクが増大するのは明らかだ。再び、緊急事態が宣言されれば、国民の理解が得られぬまま『強行』した菅首相の政治責任は免れない」と容赦《ようしゃ》無い。

オツムの悪い？　指導者は

菅首相といえば、6月9日の党首討論で、東洋の魔女と呼ばれた女子バレーの回転レシーブ、マラソンのアベベ、そして柔道のへーシンクを例にあげ、だらだらと57年前の東京オリンピックの思い出噺《ばなし》をしたのには腰が砕けるようなへなへな感を覚えた。

牧《まき》太《た》郎《ろう》氏（毎日新聞客員編集委員）もこの場面を「サンデー毎日」（7月4日号）で取り上げた。

書き出しは、「リーダーが『思い出噺』に酔い痴れる時、組織は必ず衰退する」。

1940年頃、大日本帝国は、各界の若手エリートを集めて「国の行く末」を率直に議論する内閣直轄の「総力戦研究所」を作った。そこで行った日米戦争を想定した「総力戦机上演習」の結論は、「敗北は避けられない。ゆえに戦争は不可能である」。ところが、時の陸相・東条英機《とうじょうひでき》が、勝てるとは思っていなかった日露戦争に勝った、という「思い出噺」を持ち出した。その3カ月後、開戦に踏み切り、結果は完敗。

菅、東條、両氏のエピソードを「オツムの悪い？　指導者は今も昔もピンチになると『思い出噺』に逃げ込む」と総括し、「それにしても、いつの時代も国民は犠牲者！　なんだけど」と慨嘆する。

三猿のすすめ

「最初に言いたい。これほど開催国や開催都市の人々に歓迎されない五輪は初めてではないでしょうか」で始まる、上野千鶴子《うえのちづこ》氏（東京大名誉教授）のインタビュー記事（毎日新聞6月23日付）が、国民に加えてオリンピックそのものも犠牲者であることを教えている。氏はさらに、「政治は情熱と信念では免罪されません。結果責任です。効果よりリスクが大きいならば、引き返す勇気も必要です。大局的に判断できる人がどこにもいません」と、その無責任体制を指摘する。

そして、「選手やボランティア、関係者、宿泊施設の従業員らから感染者が出て、万が一にも死者が出た場合、誰が補償をするのでしょうか。メディアはきちんとウオッチして、見逃さないようにしてほしい」と、メディアに注文を付けている。

悲しいかなそのメディア、JOC経理部長（52）の地下鉄飛び込み自殺の真相に迫るもの無し。

五輪貴族とその腰巾着《こしぎんちゃく》どもは、「開会式を迎え、競技が始まれば、感動物語で脚色されたアスリートの姿に、人々の目も、耳も、心も奪われ、オリンピック讃歌が国中にあふれるはず。ぜひメディアには、頑張ってもらいたい」と思っているはず。
とんでもない、こんな空騒ぎには、「見ざる、聞かざる、言わざる」の三猿を決め込み、「絶対中止」のメッセージを発し続ける。
「地方の眼力」なめんなよ
（2021・06・30）

誰が国土の叫びを代弁するのか

2020年国勢調査（速報値）によれば、20年10月1日現在、日本の総人口は1億2622万6568人。15年の調査から0・68％の減少。

歯止めかからぬ東京一極集中

埼玉、千葉、東京、神奈川、愛知、滋賀、大阪、福岡、沖縄の9都府県は人口増。東京の人口増加率は全国最高の4・07％で、「東京一極集中」傾向に歯止めかからず。

毎日新聞（6月26日付）によれば、衆院小選挙区の「1票の格差」は最大2・094倍で、憲法違反の目安とされる2倍超の選挙区は20。格差縮小に向け、289の小選挙区を22年以降の衆院選から適用される「アダムズ方式」で配分すると「10増10減」が必要。

定数増加は、東京都が5増、神奈川県が2増、埼玉県、愛知県、千葉県が各1増。

定数減少は、広島、宮城、新潟、福島、岡山、滋賀、山口、愛媛、長崎、和歌山の10県で、各1減。

地方紙が指摘する「アダムズ方式」の限界

「1票の格差是正に有効とされる『アダムズ方式』による配分は人口が多い都市部に議席が振り分けられやすく、地方の有権者の声が国政に届きにくくなる懸念がつきまとう。少子高齢化が進む地方の意見の反映なくして、日本の課題解決はできない。都市と地方との地域間格差の広がりに歯止めをかける必要もある。東京一極集中といった懸案に長らく対処できていないことが、いびつな定数配分を迫られる要因であり、政治の責任は重い。幅広い民意の集約と適切な議席配分の両立に向け、国会での真摯な検討を求めたい」と、「アダムズ方式」の限界と政治や国会の責任を、真正面から問うのは愛媛新聞（6月27日付）の社説。

「地方の議席を減らして全体で帳尻合わせすることには限度がある」と強調し、「地方出身の議員が減れば、行政監視や立法活動などにおいて地方の視点は弱まる」として、「民主主義の根幹に関わる国民の代表を減らすことには慎重さがいる」と釘《くぎ》を刺す。

さらに、「死に票」が多いといった小選挙区制度の問題点を指摘し、「衆参両院の役割分担、それに伴う選挙制度の在り方など幅広く問い直す中で多様な民意をすくう制度をつくり上げなければならない」と提言する。

信濃毎日新聞（6月26日付）の社説も「地方の声が国政に届きにくくなる懸念が拭えない」とする。

「地方の課題は多種多様だ。定数が減少して実情が国に届きにくくなると、国が地方の問題解決に適正な施策を打ち出しにくくなるのではないか」と、地方と国政の距離が遠のきかねないことを危惧する。そして、「現在の小選挙区と比例ブロックの制度を維持したまま、根本的な問題解決ができるのか」と疑問を投げかけ、「参院を含めて両院の役割などを見直し、選出方法や定数配分を再検討していく」ことを国会に求めている。

定数増の検討を求める全国紙

読売新聞（6月27日付）の社説は、「人口の変動を踏まえ、定数を再配分して『1票の格差』を是正していくことが肝要だ。新方式に則り、適切に見直しを進めなければならない」で始まるが、「国会議員が減ることで、地方の声が国政に届きにくくなるという不満は強まりかねない」ことにも言及する。そして、「定数削減を求める声も強いが、国民の代表を減らすことが望ましいとも言えない。むしろ、定数を削減してきた結果、格差の是正が難しくなっている現実もある。国会の行政監視や立法の機能を強化するため、選挙区の定数を増やすことも検討に値しよう」と、定数増の検討を求めている。

県議会議員の定数是正問題

鹿児島県は全43市町村のうち、41市町村で減少。「増えたのは、商業施設の進出や高速道スマートインターチェンジの整備などで利便性が増す姶良市《あいらし》と、奄美空港へ近く移住者が多い龍郷町《たつごうちょう》の2市町」のみの状況に、危機感を募らせるのは南日本新聞（6月29日付）の社説。

「気掛かりなのは、人口に占める市部の割合が増したことだ。県全体の人口が減る中、市部への〝ミニ一極集中〟が進めば、郡部の衰退は避けられない。魅力をどう高め発信していけばいいのか各地域が知恵を絞る必要がある」と、県内格差を指摘する。

その結果、「国勢調査速報値から南日本新聞が試算したところ、鹿児島県議会（21選挙区、定数51）の議員1人当たりの人口格差が最大2・11倍あった。憲法違反との指摘がある2倍を超す選挙区は前回の2から3に増えた。格差を解消するため、どこをどのように見直すか。県議会は23年春の改選に向け、県民が納得する結論を導き出すことが求められる」と、県議選出における格差是正という重い宿題を提起している。

JAの理事削減が示唆すること

格差無き代表者選出の難しさは議会ばかりではない。

西日本新聞（6月29日付、長崎北版）によれば、長崎県佐世保市などを管轄するJAながさき西海では、今回の理事改選から理事を5人削減した。このため、これまで理事1人を選出していた宇久《うく》、小値賀《おじか》地区は組合員が少ないため選出できなくなった。「離島の組合員の代弁者が必要」との意見が出されたため、28日開催のJA総代会において、同地区からは理事の代わりに特例として参与1人を選出した。参与の任期は理事と同じく3年。ただし、理事会には出席できるが議決権はない。なお、総代会出席者によれば、3年後の総代会においては、同地区から再び理事を選出する約束も交わされたとのことである。

「満足はしていない。次は宇久、小値賀から理事を出す約束を守ってもらう」とのコメントは、当該地区の組合員。

代弁者は何を代弁するべきなのか

JAながさき西海の記事で注目したのは、「代弁者」という表現である。かつて、修士論文の調査で教えを受けた京都府郡部の老酪農家から「人は減っているけど、残っている人間はここの田畑山林を守っている。単に人間の頭数だけで国会議員の数を決めるのは間違っている。地方選出の国会議員は、われわれの声だけではなくて、われわれが守っているこの国土の声を届けるのも仕事だよ」と、ボソッと語ってくれたことを思いだす。

国土のたかだか0・6％しかない東京都に、総人口の11・1％人がひしめき合っている。第一次産業に関わりながら、この国土を守っている人たちの日々の営みを想像し、国会議員を選んでいる都民は皆無に近いだろう。他方、都会に染まる地方選出の勘違い議員も少なくない。だからこそ、国土の代弁者たる地方選出の議員定数を、増やしても、絶対に減らすべきではない。

「地方の眼力」なめんなよ

(2021・07・07)

ジャパン・ワズ・ナンバーワン

山陽新聞(6月26日付)の社会面に、「経産省キャリア給付金詐取容疑　警視庁2人逮捕」と「国会トイレで政府職員盗撮　経産省に重要参考人」の記事が並んでいた。あ〜、またか。

若手官僚も後追い劣化

「苦境にあえぐ企業を支援する資金を、不正受給するとは言語道断」とする琉球新報（7月1日付）の社説は、「給付金は経産省の中小企業庁が所管する。支給する側が制度を悪用して税金を懐に入れた。資金繰りに苦しむ中小企業と国民に対する背信行為であり極めて悪質だ」として、「官僚の質の劣化を憂慮」している。

これらに加えて、総務省幹部が放送事業会社「東北新社」やNTTから受けていた接待問題、農林水産省幹部が鶏卵贈収賄事件の一方の主役である鶏卵生産大手「アキタフーズ」グループの元代表から受けていた接待問題などを列挙し、「なぜ官僚の不祥事が続くのか」と慨嘆《がいたん》する。

そして「安倍長期政権下で官邸主導のスタイルが定着したことが一因なのか。森友問題では、人事を握られた官僚が官邸の意向を忖度して、公文書を改ざんしたのではないかと取り沙汰された」として、「国民の信頼を回復するため官僚組織の在り方を根本から見直す時期に来ている」ことを告げている。

「コロナ禍からの経済再生を先導するべき経済産業省が、まるで悪病に冒されたようなありさまだ」と表現しているのは河北新報（7月1日付）の社説。梶山弘志《かじやまひろし》経産相が「国民におわび申し上げる。捜査に全面協力し、全容解明を踏まえて厳正に対処する」と陳謝したことを紹介する中で、その記者会見が「逮捕から3日後」であったことを記し、その遅さをチクリと刺している。

北海道新聞（7月2日付）の社説は「安倍晋三前政権では、経産省出身者が官邸の要職に就いて影響力を誇ってきた。『桜を見る会』をはじめ前政権下で目立った倫理観の欠如が、政官に広く及んでいる面もあるのではないか」と、トップの姿勢に言及している。

三菱電機の検査不正

今年創立100周年を迎えた三菱電機の長崎製作所における、鉄道車両向け空調機器の検査不正問題にも驚いた。

毎日新聞（7月1日）の関連記事から、事件の概要は次のようになる。

架空の検査データを算出するためのパソコンのプログラムを遅くとも1985年から使用し、プログラムで算出された架空の数値を検査成績書に記入し、検査したように装っていた。その前から、不正そのものが行われていた可能性もある。

全国の鉄道会社に車両用の空調機器を出荷しているほか、欧米の地下鉄や高速鉄道向けにも納入実績があるが、温度や湿度の制御、省エネ、防水、電圧変動への耐久性などの性能に関し、顧客の指定する方法で検査する契約を交わしていながら、実際は検査を省いたり、指定された方法とは異なる条件で検査したりしていた。

さらに、鉄道のドアの開閉やブレーキの操作で使われている空気圧縮機ユニットの一部でも検査不正があったことが明らかになった。これまでに約1000台を納入したが、今まで事故は確認されておらず、製品出荷前の別の検査では合格値を出していることなどから、「製品そのものの安全・機能・性能には問題がないことを確認している」としている。

しかし同紙は、「長年にわたって検査を軽んじてきたうえに、問題発覚後も説明を尽くさない三菱電機。事態が車両の安全に関わる問題にまで発展しつつある中、同社の信頼は失われる一方だ」と、怒りを隠さない。

落日の「ものづくりニッポン」

「三菱電機でまた不祥事が発覚した」で始まるのは、中国新聞（7月2日付）の社説。

ドア開閉やブレーキに使う空気圧縮機でも不正が判明したにもかかわらず、「安全性に問題ない」と説明する同社の姿勢に対して、「どうして問題ないと言えるのだろうか」と疑問を投げかける。そして、「車両のブレーキやドアなどは、乗客の安全にも直結する。利用者が安心できるだけの丁寧な情報発信」を要求する。

6月29日開催の株主総会で株主から「不祥事のデパート」などと厳しい言葉が飛んだ。

近年同社において「検査や品質試験のデータ偽装などが相次いでいた」ことに加えて、「14～17年に社員5人が長時間労働などで労災認定された。うち2人は過労自殺し、さらに19年にもパワハラで新入社員が自殺している」ことから、「株主軽視だけでなく、経営陣の責任感の欠如や企業統治への意識の低さが表れている」と、厳しく迫っている。

北海道新聞（7月3日付）の社説は、「近年は三菱自動車や日産自動車、神戸製鋼所など日本を代表するものづくり企業で品質や検査に関する不正が明らかになった。このままでは、すでに指摘されている国内製造業の地盤沈下に拍車がかかるばかりである。産業界全体が危機感を持つべきだ」と、わが国の「ものづくり企業」の劣化に危機感を示している。

南日本新聞（7月4日付）の社説も、「企業風土の改善が今後の焦点となる。内向きの価値観から脱却できなければ『ものづくり大国ニッポン』の信頼までもが損なわれかねない」と「ものづくり大国」の衰退を危惧している。

アズ（as）とワズ（was）とは大違い

これらの社説の危惧が杞憂《きゆう》ではないことを、高村《たかむら》薫《かおる》氏（作家）が教えている（「サンデー毎日」7月18日号）。高村氏の旧知の外資系証券マンによれば、「直近の日本市場や為替市場の動きを見ていると、いよいよ日本が新興国の立ち位置に近づいてきたような印象だ」とのこと。そこから高村氏は、「東京市場の振れ幅だけが異様に大きくなったり、円が新興国通貨に似た投機的な売り買いの対象になったりしている現状が示しているのは、日本が国としてもはや安定した成長を見込めず、長期的な投資対象ではなくなっているという厳しい事実である」と分析する。

戦後の日本経済の高度経済成長の要因を分析し、日本的経営を高く評価したアメリカの社会学者・エズラ　F.ヴォーゲルによる『ジャパン・アズ・ナンバーワン：アメリカへの教訓』（TBSブリタニカ、1979年）は70万部を超えるベストセラーとなった。

ベストセラーには飛びつかないぞ、と無意味な意地を張り、手に取ることはなかったが、「アズ（as）」じゃなくて「ワズ（was）」じゃないのと茶化していたことだけは覚えている。

わが国をリードしているらしい経産省の、若き官僚らの犯罪と、ものづくり大国を支えてきたはずの企業が犯し続けていた不正は、わが国が後退国であることを象徴している。

今ならば、『ジャパン・ワズ・ナンバーワン』（邦訳「むかし、ニッポンはナンバーワンだったとさ」）でベストセラーかな。

「地方の眼力」なめんなよ

（2021・07・14）

ウッドショック療法

2021年3月頃から住宅業界で「ウッドショック」と呼ばれる現象が騒がれ始めている。ウッドショックとは輸入木材価格の高騰のことを指し、かつてのオイルショックになぞらえて名付けられた言葉である。

ウッドショックの背景と林野庁の姿勢

価格高騰の主な理由としてあげられているのは、アメリカや中国での住宅着工件数の急増と世界的なコンテナ不足などで木材の輸出入が困難になっていることである。

毎日新聞（7月10日付）によれば、林野庁が4月に開いた木材関係業界の会合では「活路が見えない」などと、過熱する木材争奪戦に懸念が噴出した。同庁は住宅建築向け木材の適切な発注や、過剰在庫の抑制を呼び掛ける通知を出すとともに、全国各地で需給情報を共有する会合を順次開催している。その一方で、「安価な輸入材に勝てなかった国産材に追い風が吹いている」とみて、新規就業者への支援や機械導入による生産性向上など、林業の競争力強化を進める意向だ。

同記事は、国内の林業・木材産業関係者から出ている中長期的な「国産回帰」への期待に応えるためには、「人材確保や増産投資が急務」としている。ただし、「輸入材価格の安定後も国産材を使い続けるとの確証が持てないため」、木材流通の「川上」に位置する林業関係者には、国産材への旺盛な需要が長続きするのかどうかの懸念があることも紹介している。

脆弱な林業の姿と復活への期待

南日本新聞（7月2日付）の社説は、「相場の行方は不透明」としつつも、「国産材のシェアを伸ばす好機にほかならない。衰退する林業の再興につなげたい」と前向きに捉えているが、「1980年に14万6000人いた林業従事者は4万5000人（2015年）に減少した。高齢化が進み、増産しようにも対応できないのが現実だ」と、冷静に分析している。

高度成長期に木材需要を国内だけで賄えず、輸入材に依存を続けてきた結果、「脆弱《ぜいじゃく》な林業」になった現実を「ウッドショックがあぶり出した」と指摘する。そのうえで、「国際情勢に左右されない国産材の供給力、価格競争力の強化」を求めている。

加えて、「国産材の利用拡大で林業従事者の所得や労働環境を向上させ、担い手を増やしたい。伐採収入で再造林ができる林業経営が確立し、森林による温室効果ガスの吸収量が増えれば、排出を実質ゼロにする『カーボンニュートラル』の流れも加速しよう」と、その復活に期待を寄せる。

先人が作った田舎の財産

西日本新聞（7月1日付）は、福岡県木材組合連合会の平川辰男《ひらかわたつお》会長の興味深い見解を紹介している。

氏は、ウッドショックによる国産原木（丸太）市場の高騰を「バブル」と見なす。そして、「バブルはいつか収束する。『値が高い今のうちに』と山から大量に切り出したとしても、夏は木の伐採には適さない時期で、木材に菌が入ることもある。先買いした業者は損をする可能性もある」ことから、「バブルに浮かれず、これを機に国産材の利用をどうしたら増やせるか真剣に考えるべきだ」と、業界に冷静な対応を求める。そして、「『外国産材は安い』は昔の話だ」として、「マンションの内装材、公共建築用に国産材を使いやすくするような努力」が必要としている。

さらに、伐採適齢期にある多くのスギやヒノキを「先人が作った田舎の財産」と位置付け、「住宅は地域の素材を使う地域産業だと思う。（中略）木材の産出から利用まで循環をつなげていけば、地方の経済を回すことにつながる」とは、示唆に富んでいる。

消費者の課題

産経新聞（THE SANKEI NEWS、中部長野、7月11日20時）は、長野など4県の国有林を管理する林野庁中部森林管理局が業者を対象に行ったヒアリングの概要を伝えている。

ウッドショックを国内林業にとってのチャンスとして期待する声として、「木材価格の高騰が会社の販路にも好影響をもたらしてくれればと期待している」（森林組合など林業事業体）、「国産材の需要高、価格上昇は健全な林業経営につながり継続を期待している」（木材市場など流通業者）、「今までが安すぎた。山元に還元できる価格とならなければならない。外材から国産材へ転換し国産材を使う、このために価格修正がなされていくことは良いことではないか」（木材加工など需要者）などを紹介している。

他方で、「昨年の価格の下落に伴い、今年度の事業を（森林の）保育作業主体の事業計画となるよう町村へお願いしているため、伐採作業への急激なシフトはできない状況」という、迅速な対応の難しさを指摘する声も紹介している。

宮崎正毅《みやざきまさき》氏（長野県木材協同組合連合会理事長）は、「チャンスはチャンスだろう。国産材に目を向けてもらったから。それをどう持続させるかだ。森林は観光などでも役に立ち、薪を欲しがる人もいる。外材に頼った家づくりから地域に貢献した家づくりへと変わっていけば、安定的な材料供給ができるはず」と、インタビューに答えている。

以上から同記事は、「木材利用の見直しは脱炭素につながり、特に地元木材は輸送エネルギーも節約できる。森林の果たす役割は、水害の防止を含めた保水や気候の安定、生態系の維持、安らぎを生み出すなど多岐にわたる。単なるマテリアル（原材料）か、それともその背景に思いを巡らすか——消費者が改めて考える機会にしたい」と、消費者にも重要な課題を投げかけている。

木を見て森も見よ

「国づくりとは樹木で山を埋めることにあり」は、伊達政宗《だてまさむね》（仙台藩初代藩主）が好んだ言葉としてＮＨＫ朝ドラ「おかえりモネ」で紹介された。林野庁のＨＰでもこのドラマにあわせて、森林や林業などについて独自の解説をしている。伊達公の言葉を紹介した最後には、「現代では、地球温暖化の影響もあり、以前にも増して集中豪雨が多発し、山地災害の危険性が高まっています。積極的に木材を利用し脱炭素社会の実現に貢献するとともに、伐採後には適切に造林を行い森林吸収源を確保したり、山地災害を防止する役割を強化する取組が一層重要となっています」と記されている。

『２０２０年度森林・林業白書　概要』には、「２０２０年12月に決定した『農林水産物・食品の輸出拡大実行戦略』において、製材・合板を輸出の重点品目に選定。中国・米国・韓国・台湾等をターゲットに、建築部材・高耐久木材の海外販路拡大やマーケティング等に取り組む方針」と記されており、製材・合板の輸出を促進することが明記されている。

森林が果たしている多面的機能を忘れ、輸出に向けて樹木を切りまくる愚を犯さぬよう、警戒を怠ってはならない。もしウッドショックが、われわれに森林や林業の役割を気づかせてくれるとすれば、ショック療法としての価値は認められよう。

「地方の眼力」なめんなよ

史上空前の税収に浮かれるな

（2021・07・21）

7月5日、財務省は2020年度の税収が60・8兆円となることを発表した。18年度の60・4兆円を超え、過去最高とのこと。上位三税目は、消費税（21・0兆円）、所得税（19・2兆円）、法人税（11・2兆円）となっている。

「景気としては悪い方向ではない」と言われましても

翌6日の閣議後記者会見で麻生太郎《あそうたろう》副総理兼財務大臣は、税収への受止めと今年度の見通しを問われて、「去年11月頃、みんな55兆円ぐらいに大幅に下がると書いたけど、大幅に違った。それに比べて60兆円を超えましたから、（中略）史上空前ということになっちゃうんでしょうけど、受け止め方、新聞が書くほど、そんな世の中、経済悪くなっていなかったということ」「これがどうなっていくか、まだよくわかりませんけれども、いずれにしても景気としては悪い方向ではない、そう思っていますね」と答えた。

「消費税の存在感が際立つ結果」は良い結果？

朝日新聞（7月6日付）は、「当初の予想に反し、コロナ禍の税収への影響は限定的で、消費税、所得税、法人税の基幹3税がそろって前年度実績を上回った。巨額のコロナ予算の使い残しもあり、20年度決算で余った『剰余金』も過去最高の4兆円台に達した。衆院選を控え、与党などからは歳出圧力が強まりそうだ」と報じている。

消費税が初めて最大の税目となったことについて、「税率が10%になった増税分が通年で寄与したことが大きく、一般に景気動向に左右されにくい安定財源と言われる消費税の存在感が際立つ結果となった」と評価する。

「税収は過去最高でも、20年度の歳出は多くが国債発行に支えられており、借金頼みの財政状況に変わりはない。無駄な歳出が膨らめば、財政悪化に拍車がかかりかねない」として、衆院選を口実に、剰余金目当ての「補正予算などで追加の経済対策を求める声」が与党内から出始めていることを牽制する。

法人税の上ぶれが意味するもの

「麻生氏の発言を額面通りに受け取ることはできない」とする毎日新聞（7月14日付）は、実質成長率は戦後最悪のマイナス4・6%というように「新型コロナウイルスの影響で日本経済が冷え込む中、なぜ税収だけが拡大したのか」と疑問を呈し、企業が納める法人税の仕組みに言及する。

「飲食などサービス業はコロナ禍の打撃を強く受けたものの、製造業の大企業は外需の回復傾向を受け業績は悪くなかった。この違いが法人税収の動きに影響した」と解説するのは、宮前耕也《みやまえこうや》氏（SMBC日興証券シニアエコノミスト）。

そもそも赤字企業には法人税の納税義務が発生しない。法人税の主要な納税者は例年、「大企業・中堅企業」で、安定した利益を上げられる企業群が法人税収を支えている。ゆえに、コロナ禍がサービス業に打撃を与えたとしても、法人税収全体に、大きな影響を与えないわけである。

よって、法人税が上ぶれしたことが、わが国の多くの企業の経営が順調であることや、まして「経済悪くなっていなかった」ことを意味しているわけではないことに注意しておかねばならない。

そして同紙も、「21年度も当初予算段階で一般会計歳出が106兆円に達している。税収が上振れしても、『出口』である歳出を抑制しない限り、借金頼りの日本の問題点は解決しないのが現状だ」とくぎを刺す。

税収増を格差対策に

東京新聞（7月20日付）の社説も、「コロナ禍で経済成長が大きく落ち込む中、税収だけが伸びるという異例の事態だ」とし、「その背景には深刻な所得差の広がりがあり、予算の配分を通じた格差対策が急務だ」と訴える。

「多額の税を納める企業が続出する一方、観光関連や航空、鉄道、飲食などの多くは納税どころか存亡の機に直面している。消費税増税が低所得者により大きな負担を課している実態も強く認識せねばならない」と危機感を募らせ、政府に「予算編成を通じて格差是正に取り組む」ことを求めている。

「税収増を格差対策に充てるのは税の持つ所得の再配分機能から考えてむしろ当然である」として、「生活苦に直面している人々や、苦境に立つ業界にスムーズに流す政策」の速やかな実行を提言する。

それは、「社会の分断を防ぐ高い視座からの政策」を政府に求めてのものである。

国は本当に困窮する庶民を救う気があるのか

荻原博子《おぎわらひろこ》氏（経済評論家）は「サンデー毎日」（8月1日号）で、麻生氏の発言を「うそっぱち」と斬り捨てる。

荻原氏は、消費税が19年度よりも2・6兆円増えたことに注目する。法人税（4375億円）、所得税（191億円）の増加額合計の約6倍。

大切なことは、法人税、所得税と異なり、消費税は「赤字経営で倒産しそうな店の経営者も、失業して路頭に迷っている人も、災害に遭って途方に暮れている人も、食べたり飲んだり電気を使ったりする以上、納める」ものであること。

また雇用主が20年度中に労働者に支払った現金給与総額は前年度比1・2％減だったが、「消費税率は19年、8％から10％に上がりました。つまり、平均的な家庭では、給与が下がったのに消費税の負担が増し、生活が苦しくなった」ことを指摘する。

ゆえに、「麻生氏が『史上空前』と喜ぶのはおかしいでしょう」と一喝。さらに、コロナ禍において、「各国が税収を減らしてまで国民生活を窮状から救おうとしているのに、日本の副総理が『史上空前』『景気は悪くない』と喜ぶのは恥ずかしい話」と嘆く。

加えて、全国知事会が4月、国が新型コロナ対策費として地方自治体に分配する地方創生臨時交付金の都道府県分が2月末時点で6000億円ほど不足していることを公表したことなどを紹介し、「国は本当に困窮する庶民生活を救う気があるのか」と、正直な疑問を吐露している。

減らない自殺者

警察庁が集計した6月における自殺者数（7月14日の暫定値）は、総数1780人（男性1169人、女性611人）。20年同月は総数1572人（男性1061人、女性511人）であった。増加割合を見ると、総数が13・2％、男性が10・2％、女性が19・6％で、女性の増加割合が男性のほぼ倍となっている。減る傾向を示さない自殺者数は、日々の生活が困難さを増していることを訴えている。

昨年の自殺者は8月から10月にかけて急増した。そうならぬために、為政者は、今すぐ、打てる手を打て。「地方の眼力」なめんなよ

キンチョウの夏

（2021・07・28）

日本農業新聞（7月28日付）の1面の見出しは、内閣支持率最低35％　農政「評価せず」6割。同紙モニター調査の結果である。

支持せず、評価せずの背景

調査は、農業者を中心とした同紙の農政モニター1077人を対象に、7月上中旬に郵送で実施（有効回答721）。その要点を次の9項目に整理する。

（1）菅内閣の支持については、「支持する」34・7％、「支持しない」64・8％。

（2）菅内閣の農業政策については、「大いに評価する」1・1％、「どちらかといえば評価する」21・2％、「どちらかといえば評価しない」37・9％、「まったく評価しない」23・0％、「分からない」15・4％。大別すれば、「評価する」23・3％、「評価しない」60・9％。

（3）（2）で「評価する」とした人の、主たる理由となる農業政策（上位3政策）については、「農林水産物・食品の輸出拡大」48・1％、「経営安定対策」42・6％、「米政策」27・8％。

（4）（2）で「評価しない」とした人の、主たる理由となる農業政策（上位3政策）については、「新型コロナウイルス対策」50・2％、「米政策」48・9％、「地域政策」30・7％。

（5）新型コロナのまん延防止、終息に向けた政府の取り組みについては、「大いに評価する」2・5％、「どちらかといえば評価する」24・4％、「どちらかといえば評価しない」37・9％、「まったく評価しない」31・3％、「分からない」2・9％。大別すれば、「評価する」26・9％、「評価しない」69・2％。

（6）新型コロナ感染拡大による農業経営などへの経済的打撃に対する政府の対策については、「大いに評価する」1・8％、「どちらかといえば評価する」25・5％、「どちらかといえば評価しない」38・0％、「まったく評価しない」24・5％、「分からない」9・0％。大別すれば、「評価する」27・3％、「評価しない」62・5％。

以上から、菅内閣もその農業政策も過半数の農業者に受け入れられていない。受け入れている農業者は、大規模や企業的経営を行っていることが推察される。また、新型コロナへの取り組みや政策を「評価しない」農業者が6割から7割にも及んでいる。

求む！積極的支持を託せる政党

つぎに、政治や選挙への姿勢を見ることにする。

（7）農政で期待する政党は、「自民党」44・2％、「期待する政党はない」31・2％、「立憲民主党」11・9％、「共産党」6・8％、など。

（8）この秋の衆院選への関心度は、「大いに関心がある」56・0％、「少しは関心がある」35・4％、「関心はない」7・4％、「その他」0・4％。

（9）衆院選比例区で投票する政党は、「自民党」38・6％、「決めていない」31・2％、「立憲民主党」16・9％、「共産党」6・1％、など。

多くの農業者が自民党を支持し、自民党農政に期待している。しかしそれは積極的なものではなく、消極的なものである。

9割が衆院選に関心を持っている。とりわけ6割近くが「大いに関心がある」としている点は極めて興味深い。「期待する政党はない」「（投票する政党を）決めていない」とする人たちの1人でも多くが、積極的に支持したくなる政党が求められている。

危機感を募らせる自民党

農業者に渦巻く不満に、自民党が強い危機感を持っていることを、2人の論客が教えている。

日本農業新聞（7月23日付）で野上忠興《のがみただおき》氏（政治ジャーナリスト）は、衆院選が自民党に厳しい選挙となるという予測の一つの根拠として、自民党農林族幹部の懸念を紹介している。

その幹部は、「実は農村部、特に米作地帯の北陸、東北、北海道では、秋の新米価格暴落が現実味を帯びてきたことで、菅不信感が拡大している。学校給食がなくなり、飲食店も早じまいを強いられるなどで米需要が落ち込んでもいる。勝負時に支持基盤の160万農村票までも敵に回せば、自民党は思わぬ惨敗を喫するだろう。2016年の参院選での『東北の反乱』を上回る広範囲な『農村の反乱』が起き得る。頭が痛い」と、嘆息したそうだ。

また、小林吉弥《こばやしきちや》氏（政治評論家）も、「特に、菅政権での農政が見えてこないことから、不満を抱える150万票（を）超える農村票の行方が注目されている」とする、ある選挙担当記者の予測を紹介している（同紙、7月25日付）。

農業者の叫びを受け止め、新たな展望と政策を提示するなら、政治が大きく変わることもあり得よう。

いたずらに安全安心を吹聴する

農業者の不満も政府の新型コロナウイルスへの対応にあったが、7月27日の新型コロナウイルス感染者は、全国が7629人で1月9日以来の7500人超え。東京都は2848人で過去最多。28日のNHK「おはよう日本」は、「感染の急拡大に拍車が掛かっています」と、「拍車」という表現で感染爆発を伝えた。

新型コロナ専用病床30床を確保する東京北医療センターでは、27日時点で26床がうまり新たな受け入れは困難。しかし都からは受け入れ要請の電話がひっきりなしに掛かってくる。センターの医師は、「数が増えればある一定の確率で重症化していく。若い人でも重症化するし、中等症の人が入院できなかった場合は、命を落とすことになる」と、事態の深刻さを語っている。

都は26日、今後の入院患者の増加を見据えて、新型コロナウイルス患者用に病床の転用、確保を要請した。小池百合子《こいけゆりこ》東京都知事も、ぶら下がり会見で「じわっと重症が増えているのが気になる」と、抑制的に語っている。ところが、都福祉保健局長のコメントには驚いた。「第3波の頃より病床確保が進んだ。高齢者の感染が減少したため、重症患者数も約半数になった。第3波の時とは、本質的に異なっているので、医療に与える圧迫は変わっている」ので、「いたずらに不安を煽ることはしていただきたくない」そうだ。こんな局長の指示で動かされる現場は、崩壊の道を進むことになる。

このニュースの中で、東京オリンピックについて「中止の選択肢はないのか」と記者団に問われた菅首相は、「あの～、人流も減ってますし、そこはありません」と答えている。この人は、不都合なものは見ないことにしているようだ。

「いたずらに不安を煽ること」以上に犯罪的なことは、「いたずらに安全安心を吹聴すること」である。

ワクチン打った?

「ワクチン打った?」があいさつがわりとなったこの夏。われわれは、コロナ感染とワクチン副反応に怯え、キンチョウを強いられている。まさにキンチョウの夏、後退国ニッポンの夏。スカッとさわやか、飲む気ねぇ!

「地方の眼力」なめんなよ

平和世論調査は警告する
（2021・08・04）

1945年8月6日午前8時15分、アメリカ軍が広島市に原子爆弾「リトルボーイ」を投下。同年同月9日午前11時02分、長崎市に原子爆弾「ファットマン」を投下。

断られた8月6日の黙とう要請

西日本新聞（8月3日付）によれば、広島市は、IOCのバッハ会長に、広島原爆の日の8月6日に選手らに黙とうを呼び掛けるよう要請していたが、2日にバッハ氏から呼び掛ける方針はないとの返答を受け取ったと明らかにした。

広島市平和推進課によると、バッハ氏から届いたメールには、7月16日に広島を訪問したことへの感謝を述べた上で、8月8日の閉会式で亡くなったすべての人を追悼する時間を設けると説明があったとのこと。

どこが「平和の祭典」ですか

〈「平和の祭典」看板倒れ〉という見出しで、この黙とう拒否事件を報じる東京新聞（8月3日付）は、3人のコメントを紹介している。要点のみ抜粋する。

「残念としか言いようがありません」（広島市平和推進課長）。

「それぞれの国には、大きな悲劇が起きた記憶と結び付いて、市民が共有している日がある。日本ではその1つが8月6日。五輪を日本で開催するなら、市民感情を尊重すべきで、8日の閉会式で行うから6日を無視してもいいとはならない」（秋葉《あきば》忠利《ただとし》氏、前広島市長）。

「五輪は平和運動で他のスポーツ大会とは違うと強調されてきたが、今回の黙とう拒否は平和の推進とは関係ないイベントだということをよく表している」（谷口《たにぐち》源太郎《げんたろう》氏、スポーツジャーナリスト）。

日本世論調査会が行った「平和世論調査」（6月16日から7月26日までの間、全国3000人を対象に郵送法で実施。有効回答1889、回収率63・0％）で、「『平和の祭典』とも呼ばれる五輪が世界平和に貢献していると思いますか」という問いに、「貢献している」56％、「貢献していない」42％、「無回答」2％であった。

4割が「貢献していない」としていることは、「平和の祭典」がIOCによる僭称《せんしょう》であることを示唆している。

平和をいかにして守り抜くか

「平和世論調査」は、平和についての世論を知る手がかりを与えている。注目すべき項目を次のように整理する。（強調文字は小松）

（1）「8月15日の全国戦没者追悼式で、首相はアジア諸国への加害と反省に言及すべきか」については、「言及するべきだ」47％、**「言及の必要ない」49％**、「無回答」4％。

（2）「今後、日本が戦争をする可能性」については、「大いにある」4％、**「ある程度ある」37％**、「あまりない」41％、「まったくない」17％、「無回答」1％。大別すれば、日本が戦争をする可能性は、**「ある」41％**、「ない」58％。

「ある」と回答した理由では、「**米中対立**が強まり、有事が起きれば巻き込まれるから」が60％で最も多い。

「ない」と回答した理由では、「戦争放棄と戦力不保持を定めた**憲法9条**があるから」が55％で最も多い。

（3）「今後、自衛隊はどうあるべきか」については、「憲法の平和主義の原則を踏まえ**『専守防衛』を厳守するべきだ」74％**、「憲法9条を改正して『軍』として明記するべきだ」21％、「その他」3％、「無回答」2％。

（4）「今後、核兵器が戦争に使われる可能性」については、「大いにある」16％、「ある程度ある」50％、「あまりない」25％、「まったくない」4％、「無回答」4％。大別すれば、核兵器の使用可能性は、**「ある」66％**、「ない」29％。

（5）「今年1月発効の核兵器禁止条約への日本の参加」については、**「参加するべきだ」71％**、「参加するべきではない」27％、「無回答」3％。

「参加するべきだ」と回答した理由では、「日本は唯一の戦争被爆国だから」が62％で最も多い。

「参加するべきではない」と回答した理由では、「核兵器廃絶につながらないから」が45％で最も多い。

（6）「来年開催予定の、核兵器禁止条約の第1回締約国会議へのオブザーバー参加」については、**「出席するべきだ」85%**、「出席するべきではない」12%、「無回答」3%。

以上から、戦争の可能性を4割、核兵器の使用可能性を7割弱が予想している。だからといって好戦的ではない。民意は、憲法9条の精神を評価し、自衛隊に対しては「専守防衛」の厳守を求めている。政府には核兵器廃絶への積極的な取り組みを求めている。最大の不安材料は米中対立。だからこそ、わが国に求められているのは、アジア諸国への過去の加害とそれへの反省を繰り返し述べ、平和への貢献をアジアはもとより世界に誓い、まずは米中対立の解消に向けて骨身を惜しまぬことである。

沖縄のため息

沖縄タイムス（8月2日付）の社説は、この平和世論調査において、「米軍普天間飛行場の名護市辺野古への移設に向けた政府の姿勢」については、「支持しない」57%が「支持する」38%を大きく上回ったことにまずは安堵する。しかし、「支持しない」とする人への「普天間飛行場をどうすべきか」という質問に、「日本国外に移設する」29%に続いて、「普天間飛行場を引き続き使用する」24%が2番目であったことに落胆気味。それでも気を取り直して「発信力を強化する必要がある」と自らを鼓舞している。

重大事故の予兆

毎日新聞（7月28日付）によれば、7月27日午前9時25分ごろ、宮崎県串間市崎田《くしましさきだ》の農地に米海兵隊普天間飛行場（沖縄県宜野湾市）所属のAH1攻撃ヘリコプターが不時着した。搭乗員2人にけがはなく、建物などの被害もなかった。防衛省によると、米軍は「何らかのトラブルが発生し着陸した」と説明しているとのこと。

現場は最寄りの集落まで約500メートル。現場近くに住む無職女性は「海上を飛んでいるのはよく見かけるが、今日は自宅の上を何回も旋回していておかしいと思った。近所の人から『落ちたらしい』と聞いて不安になった。けが人が出なくてよかった」と胸をなで下ろしていたそうだ。

河野《こうの》俊嗣《しゅんじ》宮崎県知事は「九州防衛局から情報提供がなく遺憾。改善を求めたい」と、聞き飽きたセリフ。遺憾はいかん！

「地方の眼力」なめんなよ

（2021・08・11）

サクラチレ

7月31日付の新聞各紙は1面で、安倍晋三前首相の政治団体が「桜を見る会」前日に主催した夕食会の収支を巡り、東京第1検察審査会（以下、検審と略）が、公選法違反や政治資金規正法違反の疑いで刑事告発された安倍氏を不起訴とした東京地検特捜部の処分について、一部を「不当」と議決したことを報じた。

限りなく真っ黒に近いブラック

予断と偏見はいけないとは言われても、衆院調査局は、安倍氏がこの問題に関連して、国会において少なくとも118回の「虚偽答弁」を重ねていたことを明らかにしている。嘘八百には遠く及ばないから、まあイ・イ・ヤ〜で済ますわけにはいかない。

どう考えても、「限りなく真っ黒に近いブラック」というのが、法律にはド素人の見立てだが、外れてはいないはず。「国権の最高機関である国会で、首相が虚偽答弁を繰り返したことは民主主義の根幹を揺るがす重大な行為だ。答弁修正で済む話ではない。議員辞職を含めて責任の取り方を熟慮すべきではないか」（東京新聞・社説、2020年12月26日付）に同感。

検審の議決に関して、東京新聞（7月31日付）の解説記事は、「検察審査会が『不当』だと突きつけたのは、『安倍晋三前首相の関与はない』とする秘書や本人らの供述中心の捜査で不起訴とした検察の姿勢だ」とする。そして、「検審は、検察が一部支援者や安倍氏らの聴取だけで不起訴と判断したことを問題視し、『メールなど客観的資料も入手した上で認定すべきだ』と積極的な捜査を迫った」ことから、徹底的な再捜査を求めている。

市民による議決は重い

秋田 魁《さきがけ》 新報の社説（8月3日付）も、「11人の市民から成る審査会が、再捜査を求める決定をした事実は重い。検察は徹底的に捜査し、真相を解明しなければならない」とする。

議決において「首相だった者が、秘書がやったことだと言って関知しない姿勢は国民感情として納得できない」と異例とも言われる付言によって、安倍氏自身に説明責任を果たすよう強く求めた点に注目する。そして、「審査員は広く国民から選ばれ、法律に詳しくなくても『自身の良識』に基づいて判断することが求められる。その点で今回の議決はまさしく、市民感覚に近いのではないか」と評価する。さらに、検察が安倍氏本人を一度任意聴取しただけで、事務所の家宅捜索も行っていないことなどから、「これでは不起訴は既定路線で、首相経験者への『忖度』があったのかと疑わざるを得ない」とする。

安倍氏は説明責任を果たせ

「おざなりな捜査は認めない。市民による妥当な判断である」で始まるのは、信濃毎日新聞（8月3日付）の社説。「功績があった人を公金で招待する『桜を見る会』に、首相が後援会関係者を多数招待して、『私物化』した」こと。「参加者名簿が不自然に廃棄」され、実態が解明されていないこと。そして、「事実と異なる答弁を国会で繰り返した」こと。

これだけでも大問題なのに、「刑事処分が問われたのは一部にすぎない。それすら十分な捜査が行われなければ、事実の解明は遠のくだけだ」と憤《いきどお》る。そして、野党が安倍氏の証人喚問を求めていることから、「夕食会だけでなく、桜を見る会の参加者や、名簿廃棄の経緯など全体」について説明責任を果たすことを求めている。

「本人や自民党にすれば一刻も早く幕引きにしたいところだろうが、市民感覚ではそれは到底許されないということだ」で始まる西日本新聞（8月4日付）の社説は、特捜部の再捜査後の判断が最終的な結論となるため、「特捜部は議決の指摘以上に踏み込んで捜査を尽くし、国民全体が納得に足る結論を出さねばならない」とくぎを刺す。

安倍氏が「野党からホテル発行の明細書などの提示を求められても、検察が捜査して不起訴としたことなどを理由に応じていない」ことを、「大きなすり替え」と斬る。すなわち、「検察の不起訴は、手持ちの証拠では刑事責任を問うに至らなかったという判断であり、行為自体に問題なしとのお墨付きを与えるものではない。政治家の説明責任やモラルの問題は全く別だ」として、国民から抱かれている数々の「疑念を直視し、払拭に努めねばならない」とする。

政権病の病根を絶て

高知新聞の社説（8月3日付）は、「新型コロナウイルス対策を巡り、政治家の言葉が国民に響かない現状が危惧されている。その場をかわしさえすれば何とかなるという国会軽視のつけが顕在化しているようにも思える。この風潮を断ち切らなければ政治不信は深まるばかりだ」として、今回の不起訴不当議決を、政権病の病根を絶つ契機とすることを求めている。

「最近の検察判断には国民感情との乖離《かいり》が目立つ」とするのは愛媛新聞（8月3日付）の社説。公選法違反（寄付行為）の罪で略式起訴された菅原一秀《すがわらいっしゅう》前経済産業相の事件と比べて、「桜を見る会の問題は、金額が大きく手口も巧妙で『悪質性が高い』との声が専門家から上がっている。証拠に基づき厳正に対処できるかどうか再捜査の行方を注視したい」とする。

もう終わろうよ

東京新聞（8月1日付）で前川喜平《まえかわきへい》氏（現代教育行政研究会代表）は、東京地検特捜部の再捜査に「あまり期待はできない」と本音を吐露する。しかし安倍氏の政治責任は生じているので、「自ら説明をしないのなら、国会で証人喚問するしかない」とする。

さらに、「普通の廉恥心《れんちしん》があれば政治家を続けられないはずだが、この人にそういう廉恥心はない」としたうえで、「投票用紙にまた安倍晋三と書くのですか」と、山口4区の有権者に問いかけている。

この問いへの答えを毎日新聞（7月31日付）が、安倍氏地元の声として紹介している。

「何か問題があるから不起訴不当になったのだと思う。お父さんの代から応援してきたが、安倍さんは問題が多くてもう支持できない。再捜査するなら徹底的にしてほしい」（無職女性）

「安倍さんを支持した人を優遇し、接待する場と化していたのが『桜を見る会』の実態だ。安倍さんが補填を知らなかったはずはなく、まさしく寄付だと思う。審査会の判断を受けて、検察は全体像をしっかりとらえて判断すべきだ」（会社役員男性）

「検察にも説明したが、会費は料理の割には高すぎると感じた。事務所の補填を聞いた時は驚いたが、周囲の誰も寄付や供与を受けたなんて思っていなかった。審査会が判断したのなら、もう一度しっかり捜査すればいい。それで終わりにしてほしい」（「桜を見る会」に呼ばれた経験のある会社社長男性）

社長！　こっちこそ終わりにしてほしい。だから、もう書くのはヤメ・シンゾウ！

「地方の眼力」なめんなよ

（2021・08・18）

観戦は感染に通ず

共同通信社が8月14日から16日に実施した、全国電話世論調査（有効回答1067）では、東京五輪開催について、「よかった」62・9％、「よくなかった」30・8％、という結果。五輪期間中、新型コロナウイルスの感染は収まることなく、全国で拡大の一途をたどっている。

地方紙から見た東京五輪

東京五輪閉会に絡めて、東京五輪に言及した地方紙の社説を紹介する。

札幌市は競歩とマラソンの会場となったが、北海道新聞（8月9日付）は、「五輪憲章が掲げる『人間の尊厳の保持』と矛盾した姿だったと言っても過言ではあるまい」とバッサリ。札幌市も記録的猛暑に見舞われ、選手たちが過酷なレースを強いられたことを取り上げ、「選手が実力をフルに発揮できるとは言い難い真夏の開催は、巨額の放映権料を払う米テレビ局の意向をＩＯＣが重んじるためだ。（中略）選手の意向が反映される余地はない。テレビマネーが支える五輪の現実だ」と指弾する。

さらに、「感染対策は穴が目立ち、（中略）一定の医療資源を五輪関連の感染に割かねばならなかったことは、逼迫《ひっぱく》する東京の医療体制に間接的にせよ負荷をかけたことになる」として、「国民の命と健康が最後まで五輪より下に置かれた大会だった」と総括する。

そして、札幌市が２０３０年の冬季五輪招致を目指していることから、「今回あらわになった五輪のマイナス面を十分考慮し、このまま招致を続けるかどうか市民の意見を丁寧にくみながら検討すべきだ」とくぎを刺す。

ソフトボールの会場となったのは福島市。福島民友新聞（8月8日付）は、ソフトボールの米国代表監督が記者会見で「福島の人々は素晴らしい仕事をしてくれた」と、スタッフやボランティアに賛辞を贈ったことや、各国チームに提供された県産モモが大好評であったことを紹介しながらも、「震災と原発事故からの歩みや現状、支援への感謝を発信する復興五輪としては不完全燃焼だった」とする。

西日本新聞（8月10日付）は、「地方から見れば、今回の東京五輪も首都再開発を促進するための一大イベントだった。五輪に経済効果を期待する意図は57年前の大会と同じだ。もう東京中心の高度成長の再現を夢想する時代ではない。発想の転換は不可避であると強調したい」とする。

沖縄タイムス（8月9日付）は、「各国の選手たちと、それを受け入れる地域の人々の交流は、後々まで子どもたちに強い印象を残す。オリンピックの開催意義は実は、競技以外のそんなところにもあるが、コロナ禍の東京五輪は、交流イベントが中止に追い込まれたりして大きな制約を受けた」と、開催都市以外での国際交流の機会が奪われたことを残念がる。

河北《かほく》新報（8月9日付）は、「東日本大震災からの『復興五輪』という理念は、十分に発信できただろうか」と疑問を呈し、「今後も理念を継承していくため、地元からの強いメッセージが必要」とする。さらに、「複数の式典関係者が過去の差別的な言動を問題視され、直前に辞任・解任となった」ことから、今大会の基本コンセプトのひとつである「多様性と調和」が、パラリンピックでは「より注目される」ことに留意を促す。

パラリンピックの学校連携観戦についての賛否

8月16日、そのパラリンピックについて、政府、東京都、大会組織委員会、国際パラリンピック委員会（IPC）は原則無観客での開催を決定した。ただし、小中高校生らが学校単位で参加する「学校連携観戦」については希望者のみで実施する。

この決定を手放しで喜んでいるのは産経新聞のはず。同紙（8月13日付）の主張は、「五輪と同様に『原則無観客は致し方ない』と判断する場合でも、小中高校生に割り当てる『学校連携観戦プログラム』に関しては、実施を決断すべきである」とする。

茨城県がカシマスタジアムで行われたサッカーの昼間の試合に限り、学校連携チケットによる児童、生徒の観戦を実現させたが、「茨城県で五輪観戦による児童や生徒の新型コロナ感染をめぐる問題は起きていない。ウイルス対策が徹底され、一般客との接触機会のない広い観客席は、十分に安全な場所である」ことがその主たる根拠である。そして、

「一般客を入れた宮城、静岡両県の五輪会場でも、新型コロナに関する問題は起きなかった」として、「やればできる、少なくともできる可能性があることを、やろうともしない姿勢は、五輪・パラリンピックの開催地として恥ずべきであろう」とまで記している。

他方、「新型コロナウイルスの感染者が増え続け、出口は見えない。深刻な現状を踏まえれば、観客の有無ではなく、『開けるか』から議論し直して当然だ」とするのは信濃毎日新聞（8月14日付）。

「もはや災害時の状況に近い」（厚生労働省の専門家組織）、「制御不能」（都のモニタリング会議）といった、叫びにも似た専門家の警告を紹介し、「基礎疾患がある場合や呼吸機能が低下している場合、重症化する恐れは高い。視覚障害の選手は人や物に頻繁に触れざるを得ない。一人では感染対策を完結できない選手もいる。介助者らを含む対策を、組織委と競技団体は徹底できるのか。この感染状況では、政府が『地域に影響しない』とする大会の医療態勢確保にも疑念が募る」と、危機感を隠さない。

「障害者スポーツを多くの人に知ってほしい――。選手や関係者の思いは理解できる」としたうえで、「それも、練習や代表選考で選手間の公平性が保たれ、国内外の人々が命と暮らしの危機から脱しなければ、期待通りには響かないだろう」と冷静に記す。

「学校連携観戦はできない」と萩生田大臣は答えました

東京新聞（8月18日付）は、2人の識者のコメントを紹介している。

「若い世代にもデルタ株が猛威を振るう今、学校連携観戦を行う意味が分からない。バス移動や試合観戦などで集団行動すれば、その間にウイルスが広まる可能性がある。子どもたちが自宅にウイルスを持ち帰れば、今以上に家庭内感染が増えかねない。子どもだからといって、重症化しないとも言い切れない」とするのは、首都圏の複数の医療機関で在宅医療を中心に手がける木村知《きむらとも》氏（医師）。

「子どもたちの観戦は五輪が失敗だったと言われないための取り繕い。子どもたちの政治利用だ」「観戦による教育効果を語ることは本来、簡単ではない。（中略）冷静に考えれば、障害者スポーツを見なくても、障害を理解することはできる。それよりも、障害者が日本の社会でいかに置き去りにされているかということを、人々はもっと考えるべきだ」とするのは、世取山《よとりやま》洋介《ようすけ》氏（新潟大教授、教育政策）。

6月8日の参院文教科学委員会で萩生田光一《はぎうだこういち》文科相は、「学校連携観戦」について「仮に観客を入れない大会になれば、残念ですが子どもたちも行くことができないのは当然のことだと思います」と述べている。当然ですよネ、当然！

「地方の眼力」なめんなよ

（2021・08・25）

食の貧困と腹の虫

パラリンピック開会式当日に、政府は、東京都など13都府県に発令中の緊急事態宣言について、27日から北海道、宮城、岐阜、愛知、三重、滋賀、岡山、広島の8道県を対象に加える方針を固めた。また、緊急事態宣言に準じた対策が可能な「まん延防止等重点措置」の適用対象に高知、佐賀、長崎、宮崎の4県を加えることも検討に入った。正式に決定されれば、宣言の対象は21都道府県、まん延防止措置の対象は12県。33都道府県が厳しい状況下にある。

コロナ禍が襲う低所得世帯の食事

24日、国立成育医療研究センターは、「コロナ流行下のこどもの食事への影響に関する全国調査」の結果概要を発表した。

同調査は、森崎菜穂《もりさきなほ》氏（同センター社会医学研究部長）と村山伸子《むらやまのぶこ》氏（新潟県立大教授）らによるもので、新型コロナウイルス感染症の流行が全国の子どもたちの食事に与えている影響、またその影響が家庭の経済背景によって、どのように異なるのかを調べたもの。2020年12月に、全国の小学5年生・中学2年生がいる世帯から無作為に選ばれた3000世帯の家庭を対象に実施し1551世帯（52％）からの回答を得た。

プレスリリースのデータに基づき、当コラムの責任で若干の再整理を試みた。注目したのは次の3点。

（1）「バランスの取れた食事」（「肉、魚、卵」と「野菜」を両方1日に2回以上含む）を取れている子どもの割合が、緊急事態宣言前（2019年12月）、緊急事態宣言中（20年4～5月）、緊急事態宣言後（20年12月）の3時点で、「高所得世帯」「比較的高所得世帯」「比較的低所得世帯」「低所得世帯」の4分位でどのように変化するかを見ている。宣言前と宣言後は世帯所得にかかわらず90％前後がバランスの取れた食事をしている。しかし、緊急事態宣言中（2020年4～5月）には、「高所得世帯」75％、「比較的高所得世帯」74％、「比較的低所得世帯」69％、そして「低所得世帯」は62％にまで低下している。

緊急事態宣言下では、全体的にバランスを崩す世帯が増えるが、低所得ほど崩す割合が多い。

（2）緊急事態宣言が解除された時点（20年12月）における、食事を作る心の余裕を感染拡大前と比べると、「高所得世帯」だけ「余裕増」（17％）が「余裕減」（13％）を上回っている。他の世帯はすべて「余裕減」が「余裕増」を大きく上回っている。

（3）（2）と同時点での比較において、食材を選んで買う経済的余裕については、「少なくなった」とする割合が、

「高所得世帯」3％、「比較的高所得世帯」8％、「比較的低所得世帯」17％、「低所得世帯」33％となっている。所得が少なくなるに従って、経済的余裕をなくしていることが分かる。

プレスリリースでは、「本研究からは、2020年4～5月の初めての緊急事態宣言中ではバランスが取れた食事を取れていない子どもが増加したこと、感染拡大後は保護者の食事準備への負担感が増えていること、そしてこれらの影響は特に世帯所得が低い家庭でより大きいことが分かりました」と総括している。

またこの調査結果を取り上げた日本農業新聞（8月25日付）では、「休校でバランスの取れた給食の代わりに、親が食事を用意するようになったことが一因だろう。特に影響があった低所得世帯は、野菜や果実は価格が比較的高いため、安価な食材に偏ってしまったのではないか」と分析し、「旬な食材を活用しバランスの取れた食事を取ってほしい」とする、森崎部長のコメントが紹介されている。

「子どもの食の貧困」と「食品ロス」

東京新聞（8月12日付）に掲載された、日本世論調査会による「『食と日本社会』世論調査」の詳報も興味深い。調査は、6月16日から7月26日の間に実施された。全国18歳以上男女3000人が対象（有効回答1889）。注目したのは、「子どもの食の貧困」と「食品ロス」に関する次の3項目。

（1）「あなたは子どもの食の貧困は深刻だと思いますか」については、「深刻だと思う」81％、「深刻だとは思わない」17％。

（2）子どもの食の貧困の問題を解消するために、最も必要だと思うことは、「国や自治体の金銭的支援」29％が最も多く、これに「学校給食の無料化」22％、「家族・親族による努力」20％、「『子ども食堂』などの民間活動の拡充」17％、「近隣住民による助け合い」7％が続いている。

（3）「食品ロス」について配慮していることは（2つまで選択）、「余分な食品・食材は買わない」77％、「購入した食品・食材は廃棄せずに食べる」72％、「外食で食べきれなかったものは持ち帰る」12％、「食品ロスに取り組む生産者や店舗などで購入する」4％、「特に配慮していない」3％、「その他」2％、「『フードバンク』などの活動をする団体に寄付をする」1％、となっている。

8割もの人が「子どもの食の貧困」の深刻さを意識していることには、正直驚いた。さらにその解消策として、「国や自治体の金銭的支援」「学校給食の無料化」という、現政権が最も下位に置く「公助」の回答率が、51％であることにも注目しなければならない。

手厚い公助を求める世論・民意に、政府は謙虚かつ誠実に向き合わねばならない。

また「食品ロス」については、個人的な購買・消費行動での解決策を多くの人が回答している。「食品ロスに取り組む生産者や店舗などで購入する」「『フードバンク』などの活動をする団体に寄付をする」の回答率が極めて少ないことは、そのような活動の活発化と広報の充実が求められていることを示唆している。

「女性不況」の克服に欠かせぬ「公助」

高知新聞（8月22日付）の社説も、日本世論調査会の調査結果に注目している。

困窮子育て世帯を対象として、支援団体が今夏行った調査から、「コロナ感染拡大前と比べ『食事の量が減った』は47％、『食事の回数が減った』も23％に上った」「給食がない夏休み中の食事に不安を抱えている家庭も87％に達した」ことから、「貧困は家庭の外に実態が見えにくいが、日本社会にこうした現実があることを広く認識する必要がある」と警告する。

「コロナ禍は『女性不況』とも呼ばれている」として、「『自助』だけで解決できない構造的な問題がある」がゆえに、

「子どものいる困窮世帯への支援策を強化しなければならない」とする。

子ども食堂やフードバンクという「共助」を評価し紹介するが、「『共助』には限界もある。住む地域や状況にかかわらず、誰でも支援を受けられることが肝心だ。貧困対策はやはり国や自治体による『公助』が欠かせない」ことを強調する。

さらに、「コロナ後も中長期的な対策が求められる。最低賃金を保障し収入を上げ、不足分を児童手当などで現金給付するなど、所得の再分配を機能させて経済格差の解消を図りたい」とする。

政治家がオリパラに現《うつつ》を抜かしている間に、腹の虫が治まらない有権者が増え続けていることを近いうちに思い知らせてやる。

「地方の眼力」なめんなよ

（2021・09・01）

油断は大敵

落語家の三遊亭《さんゆうてい》多歌介《たかすけ》氏（享年54）が8月27日、新型コロナウイルス感染症のため死去。家族も感染し療養中とのこと。お悔やみ欄でその名を知り、芸風を知りたくてユーチューブで見た。「コロナを恐れてはいけない。笑いで免疫力を上げよう。ワクチンは打たないほうがいい」等々で笑いをとっていたが笑えない。油断することなく、「正しく怖がる」しかない。

怖くないですか？　カロリーベース食料自給率37％

正しく怖がるといえば、わが国のカロリーベースでの食料自給率。8月25日、農林水産省は２０２０年度の当該食料自給率が37％になったことを公表した。１９９３年度や２０１８年度に並ぶ過去最低の数字。ちなみに、記録的な冷夏によって米が大凶作となり、「平成の米騒動」と称される米市場の混乱が生じたのが１９９３年。成人の基礎代謝すら自賄いできないこの国のありように、暗澹《あんたん》たる気持ちを禁じ得ない。

政府は食料・農業・農村基本計画で、２０３０年度の当該食料自給率を45％とする目標を示している。しかし、国家プロジェクトとして位置付けるぐらいの姿勢で自給率向上を目指さねばならない状況にあるにもかかわらず、力強いメッセージは聞こえてこない。どうひいき目に見ても、目標から遠ざかることはあっても、近づくこと、まして目標を達成するとは思えない。

加えて、ＪＡグループにおいても、食料自給率の向上のために、何をなすべきかを明示し得ていない。この10月に開催される第29回ＪＡ全国大会の「組織協議案（案）」（5月時点）を見ても、枕詞的に食料自給率の低さを嘆き、その向上に貢献する姿勢は示されてはいるが、具体策は示されていない。

同協議案（案）の「『食』『農』『地域』『ＪＡ』にかかる国民理解の醸成」において、「特に、食料安全保障の強化と食料自給率の向上に関連して、国民が必要として消費する食料はできるだけその国で生産する「国産国消」をＪＡグループ独自のキーメッセージとして提起し、その意義等に関する国民理解醸成に取り組み、消費者が国産農畜産物を積極的に選択するなどの行動変容をめざします」としている。要は、消費者に農家が作った国産農畜産物を意識的に買うことをお願いする、というレベルにとどまっている。

日本農業新聞（8月28日付）の論説は、自給率低下の歯止めをかけるためには、「生産基盤の強化こそが重要」とする。そのうえで、「消費者への働きかけも大事になる」として、農水省が開始する国民運動「食から日本を考える。

ニッポンフードシステム」について、「食を支える生産基盤を守り強化することへの理解を広げ、米の消費拡大や国産農畜産物の積極的な選択にもつながるよう効果的に展開すべきだ」と注文を付ける。

でもなんか、みんなズレてる気がするんですけど〜

再考・こめ油普及

2018年5月30日の当コラム「こめ油に加油！」において、油脂類の摂取増加に注目し、国産米ぬかを用いたこめ油の振興に積極的に取り組むことを提言した。そのことによって、3％しかない油脂類の自給率が向上することに加えて、生食用米だけではなく飼料用米の生産も促進されることで畜産物の自給率も向上する。もちろん、水田稲作の維持などに好影響ももたらす。まさに一石三鳥の効果を期待してのものである。

築野《つの》食品工業株式会社（本社：和歌山県伊都郡かつらぎ町）は、2020年5月に全国の20代〜60代の男女約1万人を対象に行った調査から、「こめ油を日常使いすることは、使用用途が肥料・飼料など限られていた米ぬかを食として活用することになり、日本の食料自給率向上にもつながります。少しでも多くの方にこめ油を知っていただき、選んでいただけることは、日常における社会貢献活動につながる意義のあることと考えています」として、意欲的な事業展開をHPで紹介している。

全農（全国農業協同組合連合会）も広報誌「Apron」の2021年4月号で、「植物油のほとんどは海外からの輸入原料で作られますが、こめ油は国産の米ぬかが原料です」として「こめ油」を取り上げている。

「玄米由来の栄養成分や、酸化安定性に優れたこめ油の特長」などを紹介したのち、「日本の2019年度の食料自給率（供給熱量ベース）は38％です。供給熱量の15％程度を占める油脂類の自給率は3％しかありません。国産原料100％の油はこめ油だけといっても過言ではありません。こめ油の需要は強く、製油メーカーの生産意欲も高いのですが、課題は米ぬかの安定調達です。国内で生産されているこめ油は6万8千トン、輸入されているこめ油が3万3千トンあります。米の消費量が増えて米ぬかの発生量も増え、輸入こめ油が国産に置き換われば、食料自給率の向上にもつながるのではないでしょうか」と、食料自給率向上にも少なからぬ効果があることに言及している。

あえてJAグループの一員として言わせていただくが、「こめ油」という切り口から、食料自給率向上運動をJA大会において宣明すべきである。なぜなら、全農のその覚悟こそが、政治家、役人、そして国民の行動変容をもたらすからだ。

耕作放棄地を油田にプロジェクト

おそらく唯一、商業紙の社説で食料自給率37%を取り上げているのが、信濃毎日新聞（8月30日付）。「世界では、人口増加や気候変動による食料供給の不安定化が懸念されている。海外に依存する現実に目を向けねばならない」としたうえで、政府が立てた2030年度の目標45%を抜本的に見直せと迫っている。

その際、カロリーベースの自給率は、「輸入できない事態に備えた食料安全保障」の観点から無視できないが、飽食を前提とした現行の算出方法に検討を加えたうえで、「生産額と両方を視野に入れながら、現実的な目標を検討していくべき」と提言する。

また、「高齢化と過疎化で耕作放棄地が増えている」ことから、「潜在的な生産力を維持するため農地をどの程度確保していくかも、自給率との関係で議論していかねばならない」とする。

その耕作放棄地について。先週ある県のJA職員を対象としたコア人材育成研修で講義をした時、「耕作放棄地で植物油の原料生産に取り組み、耕作放棄されている田畑を油田にする。耕作放棄地問題は解消するし、食料自給率は向上するし、一石二鳥の耕作放棄地油田化プロジェクトはどうですか」と意見を求めた。

すぐに手が上がり、「自分のＪＡで耕作放棄地対策としてゴマを作りました。でも、選別が大変で、こんなもんやってられないと皆が反対してすぐやめました」と教えてくれた。

恐らく全国各地で、似たような取り組みが細々と試行錯誤されているはず。だからこそ、ＪＡグループの組織力で、国策プロジェクトにまでもっていくぐらいの運動に育てていくことが、必要かつ重要であることを受講生と共有した。

中国語で「油断」とは、単純に油が切れるという意味。日本は常に油切れ状態。それが「大敵」なんですよ。「地方の眼力」なめんなよ

（２０２１・09・08）

誰のために、誰と闘う知事かい？

「生きている人間は、乞食《こじき》も大統領もいっしょや。どんな世界に生きていても、みんな〝生きるプロ〟やと思う。気持ちを分け合って、助け合うことが大切なんちゃうのかな」（木村充揮《きむらあつき》・「憂歌団《ゆうかだん》」ボーカル、「サンデー毎日」9月19日号）

「共に闘う知事会」を目指す平井新全国知事会長

全国知事会は8月30日、新会長に平井伸治《ひらいしんじ》鳥取県知事を正式に選んだ。任期は9月3日から2年間。全国的な感染拡大が続く新型コロナウイルスへの対策が当面の重要課題となる。全都道府県のうち最も人口が少ない県からの会長就任

は初。過去最多となる40道府県知事からの推薦を受け、無投票での会長選出。

地元の日本海新聞（9月3日付）によれば、平井知事は、9月2日の定例会見で「（政府と）闘う知事会ではなく、政府を巻き込み、いろいろな組織と連帯しながら、『共に闘う知事会』に変えていく必要がある」と意欲を語り、9日には知事会業務を担う連携調整本部を県庁内に立ち上げるとのこと。

さらに、「米国の知事会を例に挙げ『自ら情報発信し、提言活動をしながら、影響力を持っている。わが国も同じことができるはずで、現場で得た情報を基に関係団体と結び付きながら世の中を変えたい』と説明。まずは新型コロナ対策に総力を結集する考えを示し、『政府に要求すべきことはきっちり要求する。医療界や経済界にもパイプを広げ、その後の経済社会を立て直す道筋を付けていかなければならない』と強調」し、「（コロナで）全知事がお互いに共通の仕事をしているという認識が深まった。関係方面へ諮りながら、トップリーダーの組織改革も踏み出したい」と、新しい組織体制の構築を検討していることも明らかにした。

地方分権の理念を忘れるな

西日本新聞（9月1日付）の社説は、「地方を代表する組織として、まずは新型コロナ禍対策が最重要課題となる。国と対等な立場で、是々非々の議論」を強調する。

ただ、「昨年2月、当時の安倍晋三首相が学校の一斉休校を唐突に要請し、学校や保護者は混乱した。都道府県や市町村立の学校を休校にする権限は首相にはなく、地方にある。にもかかわらず、知事をはじめ大半の首長、教育委員会は検討に時間をかけることなく唯々諾々《いいだくだく》と従った」ことを指摘し、「『地方でできることは地方に』という言葉に象徴される地方分権の理念が、コロナ対策で薄れてはいないか」と、警鐘を鳴らす。地方分権を取り戻すためにも、「知事の権限でできることは着実に進めたい」と、現場での行動力に期待する。

さらに「国と地方の関係は2000年の分権改革で、上下・主従から対等・協力に変わった」にもかかわらず、「第2次安倍政権以降、一昔前の中央集権に戻ったような政治手法が目立つのに、地方からの異論があまり聞こえてこないのは残念だ」と嘆息する。

2000年代の「闘う知事会」が、「今や陳情団体に先祖返りしたとの批判がある」ことを紹介し、「コロナ対策に限らず、分権改革の理念を再確認し、活動の礎《いしずえ》」とすることを新会長に期待している。

示せ！　地方の存在感

中国新聞（9月7日付）の社説も、「国と対等な立場で議論し、地方分権の理念を着実に実現しなくてはならない」とする。

そのためにも財源の問題を指摘する。コロナ禍において、感染対策の指揮を執る知事の発言力は強まったものの、「使える財源は、国の地方創生臨時交付金が中心で、国が示したメニューから対策を選び、都道府県が実施計画を提出する必要がある。ところが政府与党は国会を開かず、新しい対策を広く議論することに及び腰」という情けない状況。

これを打開すべく、頻繁にオンライン会合を開いて、要望や提言を重ねて国に実現を迫った。そして、「休業要請に応じた事業者への協力金についても、臨時交付金の大幅増額を勝ち取るなど実績も残した」ことを紹介し、その機動力と積極性を評価する。

そのうえで、「住民に近い市町村の声をくみ取る役割」を果たすことで、「『ポストコロナ』を見据えた地域経済の再生や東京一極集中の是正など、あらゆる課題で地方の存在感を発揮してほしい」と期待を寄せる。

見直すべき財源の配分と役割分担

山陰中央新報（9月7日付）の論説も財源問題を指摘する。「コロナ対策を巡っては昨年、都道府県が自らの基金を使い独自対策を進めた第1波の頃は、東京都や大阪府などで一定の成果を上げた。その後、基金が急減し、国に予算を頼るようになって独自の取り組みは下火になってきたと分析」し、「営業時間短縮に協力した飲食店を国が示す基準よりも手厚く支援するには自主財源が必要となるが、税収の減少もあり厳しい。予算不足が独自対策を阻んでいるのである。知事会は自治体の工夫をより生かせる仕組みを国に求めるべきだ」とする。

さらに、「自治体の方がよりアイデアも柔軟性もある」が、「国は刻々と変わる事態に対処するのは苦手のようだ」として、「全てを決定できるという幻想は捨て、地方に対策を大幅に任せ、国はコロナの水際対策、ワクチンや治療薬の開発、確保に集中する」ことを提案する。

頓馬な知事へのアドバイス

「都道府県知事は、新型コロナ対策の最前線に立つ地域の司令塔だ。（中略）共通する課題を臨機応変に集約し、現場の実態を踏まえた対応を政府に強く求めるのも重要な責務である」で始まるのは、朝日新聞（9月7日付）の社説。

平井氏が、政府と闘うのではなく、コロナという共通の敵に対し、政府をはじめ、さまざまな組織と連携して「ともに闘う知事会」を掲げたことを取り上げ、「国との協働は大切で、いたずらに対峙《たいじ》する必要はないが、自治の観点から、言うべきことは言う姿勢も忘れてはなるまい。コロナ対策に限らず、人口減少や自然災害、気候危機への対応など、さまざまな課題について、地域の主体的な活動を支える役割が求められる」として、政府との協調路線を突き進むことにくぎを刺している。

コロナ禍やオリ・パラに関連して、普段は知る機会の少ない知事の顔や発言を知ることになった。ほとんどの知事は、政府や当該都道府県選出の大物国会議員らに睨《にら》まれないよう、その顔色を気にしながらの当たり障りのない言動であった。

しかしコロナ禍やオリ・パラ狂騒曲は、彼ら彼女らが私利私欲の塊で、決して顔色をうかがうべき相手ではないことを明らかにした。それでも、まだ気づかぬ知事も少なくないはず。

そんな頓馬な知事には、誰のために、誰と闘うべきかについて、市井の〝生きるプロ〟に学ぶことをおすすめする。

「地方の眼力」なめんなよ

いかにして「格差と環境」に向き合うのか

（2021・09・15）

「人間の影響が大気、海洋及び陸域を温暖化させてきたことには疑う余地がない。大気、海洋、雪氷圏及び生物圏において、広範囲かつ急速な変化が現れている」（気候変動に関する政府間パネル（IPCC）第6次評価報告書第1作業部会報告書（自然科学的根拠）政策決定者向け要約（SPM）の概要より。（以下、IPCC報告書と略す）

地球温暖化への二正面作戦

「『数十年に一度』という豪雨が頻発している。九州は今年もまた、多くの住宅街や農地、山林が深刻な水害に見舞われた。私たちは未曽有の気候危機の中にいる。そんな不安を科学的に裏付けるリポート」としてIPCC報告書を位置付けるのは、西日本新聞（8月31日付）の社説。

日本政府が2021年4月に、2030年度のガス排出削減目標を13年度比で26％減から46％減に引き上げたことを紹介し、「達成には、高効率な太陽光発電や水素の活用、二酸化炭素（CO2）を再利用するカーボンリサイクルといった技術革新を一段と加速させる必要がある。石炭火力発電への依存を着実に下げることも肝要だ」とする。

他方で、「温暖化が進む以上、当面は異常気象も頻発すると覚悟せねばならない。河川の氾濫、浸水被害を防ぐインフラ整備や、高温に強い農作物の開発など温暖化に対する『適応策』に力を入れることも大切だ。とりわけ、命を守るために地域の防災力の向上を急ぐ必要がある」として、地球温暖化への二正面作戦を提起する。

わが国の及び腰政策と炭素税の本格導入

北海道新聞（8月11日）の社説は、環境省と経済産業省が7月に公表した新たな地球温暖化対策計画案において、「家庭は66％減と踏み込む一方、排出量が大きい産業や運輸は37～38％の削減にすぎず、経済界への及び腰が目に余る。これでは世界有数の排出国として責任ある姿勢とは言えまい」と指弾する。

信濃毎日新聞（9月3日）の社説は、脱炭素社会の実現に有力な手段として期待される「炭素税」（二酸化炭素（CO2）の排出量に応じた企業への課税）の本格導入を取り上げている。同税は、「欧州を中心に導入が進む。税率の最高はスウェーデンでCO2 1トン当たり日本円換算で1万4400円。フランスは5575円、英国は2538円だ。

日本では12年から、炭素税の一種である『地球温暖化対策税』を導入している。289円と低いため、排出削減効果が乏しいと指摘されてきた。税率を実効性のある水準まで引き上げ、欧米の炭素税のような役割を持たせるべきだ」として、その本格導入に向けた検討を求めている。

小西雅子《こにしまさこ》氏（世界自然保護基金（WWF）ジャパン専門ディレクター）も、毎日新聞（9月15日付）で、「例えば、CO2 1トン当たりの炭素税を最初は3000円、20年後は1万円といったように、CO2排出のコストが将来にわたって予見できる形になれば、産業転換を促すことができる。脱炭素エネルギーが競争力を持ち、石炭火力は経済合理性から選択されなくなる」として、速やかにCO2排出量に応じて費用負担を求める制度の導入を提言している。

石破茂 × 斎藤幸平

ジミリンピック（自民党の総裁レースを指す当コラムの造語）の中で、煮え切らぬ姿をさらした石破茂《いしばしげる》氏が、『人新世の「資本論」』で注目される斎藤幸平《さいとうこうへい》氏（大阪市立大大学院准教授）と、「新首相は格差と環境に向き合え」という時宜《じぎ》にかなったタイトルで対談している（『サンデー毎日』、9月26日号）。興味深い箇所のみ抜粋する（強調文字は小松）。

【なぜ日本は気候変動に関心がないのか】

斎藤　気候変動に対する危機意識は日本では依然として低い。**東京暮らしだと危機感が薄くなる。1次産業をやっていないからだ。**

石破　確かに街頭で訴えても聴衆が沸かない。（中略）**票にもカネにもならないから政治家もあまり訴えない。**

【資本主義が格差と環境危機を生み出す】

斎藤　二酸化炭素を出す**都市住民の生活を変える**必要がある。

石破　資本主義が誤作動を起こしたわけではない、という事実を直視すべきだ。**資本主義自体は機能してきた、その結果として資源を食いつぶし、格差と分断を拡大してきた。気候変動と格差問題。次期首相候補がぜひとも語るべき問題だ。**

斎藤　私たちは**資本主義そのものに緊急ブレーキをかけなければならない。**今の富裕層は金持ちになり過ぎているだけでなく、彼らが出す二酸化炭素はものすごく多い。そこに規制をかける。累進課税、金融資産課税、相続税など（後略）。

【豊かな日本から幸せな日本へ価値転換】

石破　**トータルで成長はしないかもしれない。**（中略）**でも圧倒的多数の一人一人の幸せは増高していく。**そういう考え方に変えなければいけないんじゃないか。

斎藤　我々が取り組むべきことがある。一つは脱成長だが、もう一つは、水や電気、交通、教育といったコモン、つまり、私的所有や国有とは異なる**生産手段の水平的管理だ。ソ連的な上からの国有化ではない。**

「格差と環境」に向き合う「2030戦略」

対談を読む限りの話だが、石破氏には総裁になって「格差と環境に向き合う」政党づくりに勤《いそ》しんでいただきたかった。

実は半年ほど前から本格的に向き合い、2030年度までに二酸化炭素を50～60％削減するという目標を掲げた「気候危機を打開する日本共産党の2030戦略」が9月1日に発表された。ジミリンピック報道で手一杯なのか、残念ながら、現時点では一般メディアからは無視されているようだ。

詳細はご自分の目で確認していただくとして、当コラムが注目したのは、科学的知見を踏まえた戦略であるととももに、システムの「公正な移行」を明記している点である。まずは、「再生可能エネルギーは、将来性豊かな産業であり、地域経済の活性化にもつながる大きな可能性をもっていますが、そこでの雇用が非正規・低賃金労働ということでは、『システム移行』への抵抗も大きくなり、地域経済の活性化どころか、衰退に拍車をかけるものにもなりかねません。脱炭素化のための『システムの移行』は、貧困や格差をただし、国民の暮らしと権利を守るルールある経済社会をめざす、『公正な移行』でなくてはなりません」という叙述を紹介しておく。図らずも「格差と環境」に向き合ってますよね、石破さん！

「共産党は暴力的な革命というのを、党の要綱として廃止してませんから」と、テレビ番組で厚顔無恥《こうがんむち》に無知不勉強をさらけ出した弁護士らしき人物は、この「2030戦略」を勉強して、自分の頭を叩いてごらん。聞こえるよね、文明開化の音が。

「地方の眼力」なめんなよ

（2021・09・22）

「平和的国防産業」をつぶす気か

2019年産米の「資本利子・地代全額参入生産費」（個別経営・全国）は60kg当たり15155円。物財費（9180円）と労働費（4007円）の合計である費用合計は13187円（農水省「農業経営統計調査」2020年12月25日更新）。

費用合計すら賄えない稲作経営

「21年産米概算金2、3割下げ中心　業務用銘柄ほど減額」の大見出しは日本農業新聞（9月11日付）の1面。米の主要産地におけるＪＡ全農県本部や経済連がＪＡに提示する２０２１年産米の価格、いわゆる概算金が出そろった。前年産から2、3割（２０００～３０００円）下げが中心で、業務用途の銘柄は下落幅が大きい。主要銘柄の概算金は2年連続の下落となり、米価が大幅に低迷した14年産に次ぐ低い水準が多く、ＪＡの経費などを控除すると農家に支払われる概算金・買い取り価格は、主要銘柄でも1万円を下回るケースがある、とのこと。

同紙3面では、「21年産は産地が主食用米の生産抑制に取り組み、需給均衡に必要とされる全国で6・7万ヘクタールの作付け転換をほぼ達成する見込み」にもかかわらず、「概算金を引き下げざるを得ないのは、新型コロナウイルス禍や米離れにより、国の見通し以上に需要が落ちたため」とする。このような稲作経営の危機的事態において、「市場隔離についての要望が産地やＪＡグループ、与野党議員などから挙がる」にもかかわらず、農水省は「需要に応じた米生産を後退させない」と一貫して否定的な姿勢をとっていることも報じている。

同紙（9月15日付）の論説は、「過去最大規模の転作拡大に取り組んでも米価が下落し、22年産でも強化されるとなると、稲作経営への影響だけでなく米政策への信頼も揺らぎかねない。低米価が定着する前に政府・与党は、需給の改善策をとるべきだ」と訴える。

食や地域の未来に関わる米価の安定

「生産者にとっては、出来秋の大幅減収が避けられない深刻な状況だ。在庫状況から一定の減額は予測できたとはいえ、軒並み2～3割の落ち込みには『予想以上』との声が多く聞こえる。農家経営が厳しさ増すのは必至だ。自治体や農協グループは支援策の検討を急ぐべきだろう」で始まる河北新報（9月16日付）の社説は、東北各県の主力品種の概算金を紹介している。

宮城県の「ひとめぼれ」が前年産に比べて3100円低い9500円に設定され、7年ぶりに1万円を割り込む。

青森県では、概算金の「目安額」として「まっしぐら」8000円、「つがるロマン」8200円を各農協に提示。下げ幅はともに過去最大の3400円となった。

岩手県の「ひとめぼれ」と山形県の「はえぬき」、福島県会津の「コシヒカリ」は1万円、秋田県の「あきたこまち」は1万600円を維持したが、いずれも2000〜2600円の減。

高級路線を狙った後発のブランド米の苦境が目立つとして紹介したのが、宮城県の「だて正夢」1万円で、4300円もの大幅減。山形県の「雪若丸」は1万600円で2300円の低下。

「主な国産米はおいしくて当たり前の時代となり、食味偏重のブランド米市場は既に飽和状態と言える」として、「米価の立て直しには、いびつなブランド競争を見直し、飼料用、加工用と均衡の取れた稲作への転換が前提となることも忘れてはなるまい」と警鐘を鳴らす。

愛媛新聞（9月19日付）の社説は、「各産地からは、国の見通しの甘さを非難する声が上がっている。国の方針に沿って減産に努力しても、この結果では農政の信頼が揺らぐ。大規模農家ほど痛手は大きく、現場の意欲がそがれるのも無理はない」とする。

そして、「自国民の食を確保する食料安全保障の重要性が増している点に強く留意」することを求め、「産地が前向きになれるよう大胆な支援策を講じるべき」とする。なぜなら、「米価が下がり続ければ、生活設計が描けず、離農する人が出てくる。条件の不利な集落ではなおさらだろう。

地域経済の疲弊《ひへい》に伴う損失は計り知れない。米価の安定は食や地域の未来に関わる」からである。

当然、「多額の税金投入も避けられないだけに、在り方について国民的な議論を深めたい」と訴えている。

給料3割カットでも怒らない？

朝日新聞（9月15日付）は、青森県における関係者の声を紹介している。

「新型コロナの感染状況がどうなるのか全く見えない。産地の努力でどうにかできるレベルを超えている」と危機感を示すのはJA全農あおもりの米穀部長。JA青森中央会と青森県農協農政対策委員会は、県選出の国会議員らに対し、農家への支援や再生産に向けた対策、収入減少影響緩和対策（ナラシ対策）の早期発動と減収の補填《ほてん》、国の備蓄米の買い入れ枠の拡大、などを求める緊急要請を行うとのこと。

青森市の農事組合法人「羽白開発」の関係者は「まさか9千円を割るなんて。経営が成り立たない値段だ」「（例年と比べ）1千万円は収入が下がる。加入している収入保険の条件に該当すればいいが」と語る。

田舎館村の「ライスファクトリー」の社長も「会社員の給料が3割カットされるのと同じ。農家はどうやって暮らしていけばよいのか」と語り、JA青森が低金利融資を始める準備をしていることに関して「融資も結局は借金。農家にとってはいま組んでいるローンの返済期限を延長するほうが助かる」と訴えている。

大きくなる「平和的国防産業」の存在意義

「農民」（9月13日付）は、「今収穫している米の生産者価格が9000円を切る水準になっており、主食である米の生産が続けられないという事態にまで追い込まれています。（中略）9000円米価とは、すでに支払った現金の回収すらできない水準で、大規模農家を含めて赤字です」と、その窮状を訴えている。

中山間地域のような耕作条件の悪い所はこれ以上の費用が投入されている。ちなみに中国地方の資本利子・地代全額参入生産費は20709円である。低米価が及ぼす影響の大きさは容易に想像できるだろう。今でさえ、やめ時を考えながらの米づくり。その赤字を早急に補填し、持続可能な稲作経営を構築しない限り、万事休すとなるのは時間の問題である。

米づくり全般、とりわけ条件不利地での米づくりを、高コストゆえに早くやめてほしいと願う勢力においては、高みの見物かもしれない。しかし、国の内外における不確実性が高まる中、生活と一体となった家族経営で、主食を生産しながら、多面的機能を創出することによって、国土の保全・防衛を果たす「平和的国防産業」の存在意義は、間違いなく大きくなっている。

「地方の眼力」なめんなよ

（2021・09・29）

求められる景気対策とその担い手

コロナがまん延しようが、大雨が降ろうが、嵐のメンバーが結婚しようが、世に吹き荒れる嵐よりも「コップの中の嵐」がすべて。読書の秋なのに、読むのは「票」だけ。所詮彼ら彼女らは毒まんじゅう。食欲の秋といえども食すべからず。

「日本の景気」はお先真っ暗

日本世論調査会が行った「日本の景気」世論調査（全国の18歳以上の男女３０００人を対象に、８月11日から９月16日にかけて実施。有効回答１８４７）の詳報を東京新聞（９月26日付）が伝えている。なお、小松の責任において、要約した選択肢がある。また、強調文字も小松による。

注目した回答結果は、次のように整理される。

（１）景気の現況については、「良くなっている」０％、「どちらかといえば良くなっている」８％、**「どちらかといえば悪くなっている」58％、「悪くなっている」34％**。

（２）（１）で「どちらかといえば悪くなっている」「悪くなっている」と回答した理由については（二つまで選択可）、最も多いのが**「コロナ禍の収束が見通せないから」53％**、これに**「政府や自治体の経済政策の効果が出ていないから」43％**、「雇用情勢が悪化しているから」と「給料、ボーナスなどの収入が減っているから」が21％で続いている。

（３）コロナ禍前と比べて家計の現状は、**「良くなった」１％、「やや良くなった」２％**、「変わらない」61％、「やや苦しくなった」25％、「苦しくなった」10％。

（４）自分や家族がコロナの感染拡大によって仕事を失うことへの不安は、**「大いに感じている」11％、「ある程度感じている」33％**、「あまり感じていない」39％、「まったく感じていない」13％、「すでに仕事を失った」２％。

（５）本格的に日本経済の景気が回復する時期については、最も多いのが**「再来年（２０２３年）以降」58％**、これに**「元の状態には回復しない」20％**、「来年（22年）」18％が続いている。

（６）コロナ禍対応の政府の景気対策は、「十分だ」６％、**「十分でない」91％**。

（７）コロナ禍における必要な景気対策は（２つまで選択可）、最も多いのが**「減税」42％**、これに**「資金繰り支援などの中小企業対策の強化」40%、「雇用対策」37%、「特別定額給付金のような現金支給」33%が続いている。

求められているのは、生活者のための景気対策

前述の調査結果から、景気は悪化しており、本格的回復の兆しすら感じられない。コロナ禍対策と経済対策が功を奏していないことがその理由。家計において、コロナ禍前よりも好転しているとする人が3%しかいないことからも明らかである。また、失職経験者や失職の不安を抱えて生活している人が5割近くもいることには暗澹たる気持ちを禁じ得ない。9割を超える人が不十分とする景気対策。求められている「日本の景気」対策は、減税や現金支給による家計支援と雇用を保障すること。

守るべきは、人々の日々の暮らし。決して企業を守ることではない。

米余りの中で飢える人々

「新型コロナウイルス下で細々と続く『共助』がピンチを迎えている」で始まるのは、毎日新聞(9月24日付夕刊)。東京・秋葉原で7月10、11の両日開かれた、女性を対象とした生活相談会場には、「農民運動全国連合会」(農民連)から4tトラックいっぱいの米や野菜、みそ、しょうゆも届いている。いずれも訪れた人たちに配るためのもの。藤原麻子《ふじわらあさこ》氏(農民連事務局次長)は、「『困難のあるところに農民あり』です。私たちは災害などの現場に食料を届けてきました」と語り、忘れられないエピソードを紹介している。

今年5月、東京都内で開かれた「ゴールデンウイーク大人食堂」で、米を受け取り「ありがとうございます」と涙ぐんだ女性の話。「派遣労働者として働いてきたが、コロナ禍で仕事が大幅に減り、仕事がない日は食事を取らずにずっ

と寝続けているという。繰り返し頭を下げる女性に、コロナ禍の厳しい現実を思い知らされた。と同時に、手塩にかけた農作物が誰かの命を支えているとの実感を持つことができた」とのこと。

しかし、前回の当コラムで取り上げた低米価が、農家の「共助」意欲を低下させようとしている。トマトなど10kg超の農産物を持参した農家の椎名知哉子《しいなさやこ》氏は、「米で生計を立てているからこそトマトを出す余裕もある。米価が下がり続けると私たちも暮らしが成り立たない」「農作物で喜んでもらえるのは農家としてうれしいが、『公助』はどうした、と言いたくなる」と訴える。

「米余りの状況が生じているにもかかわらず、困窮して食べ物に困る人が続出している現状」に対して、笹渡義夫《ささわたりよしお》氏（農民連副会長）は「公的な食料支援制度」すなわち「公助」の重要性を指摘したうえで「政府は余剰米を買い入れて困窮者に配るなどの人道支援をすべきだ。そうすれば生産者は営農を続けられ、市民は飢えない」と提案している。

すり寄らない、媚びへつらわない女性議員はどこに

福井新聞（9月24日付）の論説は、「コロナ禍による女性の苦境が続いている。雇用面では『女性不況』と呼ばれ、サービス業を中心に女性の非正規労働者が特に深刻な打撃を受けている。自殺は増加し、ひとり親の貧困が顕在化した。女性に不利益が偏っているのは、男性優位社会の現実を政治が見過ごしていた結果ではないか。迫る衆院選でどんな女性政策を打ち出すか、自民党総裁選も含め各政党の取り組みを見極めたい」と、政治の責任を指摘する。

やはり女性候補者か、とはやる気持ちに待ったをかけるのは、中島岳志《なかじまたけし》氏（東京工業大教授・政治学、東京新聞、9月28日付夕刊）。

当コラムがアップされる頃には判明するであろう「コップの中の嵐」の結末。その過程において、安倍晋三氏はかつてご寵愛の稲田朋美《いなだともみ》氏を遠ざけ、高市早苗《たかいちさなえ》氏を熱烈に支持した。

このことが何を意味し、何をもたらすかについて中島氏は、「安倍にとっては、自らの主張にすり寄る者をことさら引き立てることで、求心力の強化を狙っているのだろう。一方、リーダーとしての地位をうかがう女性政治家たちは、有力者への忖度によって、父権的な価値観へと傾斜し、女性の権利主張をトーンダウンさせていく。このような構造的な隘路《あいろ》を断ち切らない限り、いくら女性議員が活躍しても、自民党の父権主義は解消されないだろう」と語っている。

男性有力者にすり寄り、媚《こ》びへつらうことなく、当事者としての権利を主張し、政策実現に向けて誠実に努力する女性議員が多数誕生すれば、確実に「くらし」は改善する。その結果、「景気」も少しは好転に向かうはずである。

「地方の眼力」なめんなよ

（2021・10・06）

もう騙されませんヨ

10月4日岸田内閣が発足。次期衆院選は10月19日公示、31日投開票。真の新政権発足は11月からとなる。まずは、岸田内閣発足に関する各紙世論調査の概要を整理する。

朝日新聞世論調査（10月4、5日実施、有効回答972、強調文字は小松）

（1）岸田内閣については、**「支持する」45%**、「支持しない」20%、「その他・答えない」35%。

(2)今、衆院選の比例区で投票するのは、**「自民党」41%**、**「答えない・分からない」24%**、「立憲民主党」13%、「日本維新の会」6%、「公明党」5%、「共産党」4%、「国民民主党」2%、「社民党」1%など。

(3)安倍政権、菅政権を引き継ぐことについては、「引き継ぐ方がよい」23%、**「引き継がない方がよい」55%**、「その他・答えない」22%。

(4)新型コロナウイルスへの岸田首相の取り組みについては、**「期待できる」47%**、「期待できない」27%、「その他・答えない」26%。

(5)新型コロナウイルス感染再拡大については、**「大いに心配している」37%**、**「ある程度心配している」47%**、「あまり心配していない」12%、「まったく心配していない」3%、「その他・答えない」1%。

(6)岸田首相の経済政策については、**「期待できる」42%**、「期待できない」28%、「その他・答えない」30%。

(7)衆院選での与野党の議席については、「与党が増やした方がよい」17%、「野党が増やした方がよい」33%、**「今とあまり変わらないままがよい」32%**。

毎日新聞世論調査(10月4、5日実施、有効回答1035、強調文字は小松)

(1)岸田内閣については、**「支持する」49%**、「支持しない」40%、「答えない」11%。

(2)岸田内閣の顔ぶれを見て、「期待感が持てる」21%、**「期待感が持てない」51%**、「わからない」28%。

(3)岸田政権への、安倍、麻生、両元首相の影響力の強まりについては、「プラスになる」23%、**「マイナスになる」59%**、「わからない」18%。

(4)新型コロナウイルスへの岸田政権の取り組みについては、**「期待する」48%**、「期待しない」28%、「どちらとも言えない」25%。

（5）衆院選小選挙区で投票したいのは、**「与党」41％**、「野党」34％、「まだ決めていない」24％。

（6）衆院選比例代表で投票したいのは、「自民党」34％、**「まだ決めていない」23％**、「立憲民主党」16％、「日本維新の会」8％、「共産党」7％、「公明党」6％、「国民民主党」2％、「社民党」1％など。

共同通信社世論調査（10月4、5日実施、有効回答1087、強調太字は小松）

（1）岸田内閣については、**「支持する」55・7％**、「支持しない」23・7％、「分からない・無回答」20・6％。

（2）安倍政権、菅政権の路線の継承か転換かについては、「継承するべきだ」24・1％、**「転換するべきだ」69・7％**、「分からない・無回答」6・2％。

（3）新自由主義的政策からの転換をめざす岸田首相の経済政策については、**「期待できる」46・6％**、**「期待できない」46・9％**、「分からない・無回答」6・5％。

（4）森友学園問題の再調査については、**「再調査するべきだ」62・8％**、「再調査の必要はない」34・8％、「分からない・無回答」2・4％。

（5）衆院選での野党の選挙協力について、「期待している」36・1％、**「期待していない」60・4％**、「分からない・無回答」3・5％。

（6）衆院選比例代表で投票したいのは、「自民党」44・6％、**「分からない・無回答」19・5％**、「立憲民主党」14・9％、「日本維新の会」7・1％、「公明党」5・8％、「共産党」2・8％、「れいわ新選組」1・5％、「国民民主党」1・4％など。

世論調査が教える風向き

以上の3世論調査に基づけば、世の風向きは次のように整理される。

（1）岸田内閣への支持率は低い。ご祝儀相場を差し引くならば、菅政権末期から微増と推察される。

（2）いずれの調査においても、多くの人が、脱「安倍政権」を求めている。岸田内閣の支持率の低さは、安倍元首相の影響下にあることが影響している。

（3）コロナ対策、経済対策において、期待の声は少なくない。しかし、国民は、時の首相に「期待せざるを得ない」だけの話。現時点で確信を持って「期待」を表明できる根拠はない。例えば、コロナに関して、84％がコロナ感染再拡大に不安を覚えている。にもかかわらず、「期待する」が5割を切っていることがそのことを示唆している。

（4）だからといって、多くの国民が自公政権から現野党への政権移行を求めているわけではない。

（5）野党の選挙協力に6割の人が「期待していない」と回答していることを、野党は重く受け止めねばならない。

小沢一郎氏の見立てとパフォーマンス

愛媛新聞（10月6日付）で紹介されている、立憲民主党・小沢一郎《おざわいちろう》氏への同紙単独インタビューは、次のように要約できる。

「岸田氏は悪い人ではないが、適任かどうかは別。自民の党役員や、閣僚の中にも問題を含む人がおり、いずれ表面化してくる。岸田氏のソフトでハト派的なイメージは、かなりうける。野党としてはやりにくく、非常に厳しい選挙になる。

野党は国民の心に響くような、将来に向けた強いメッセージを発信できていないので、期待が集まらない。これは野党の責任だ。野党の候補者は、有権者とふれ合う日常活動が足りていない。自民は選挙運動などを必死でやっている。政策提案と同時に、一人一人の有権者とのふれ合いを増やさなければ、支持されない」

前段に関しては同感である。後段は小沢氏ご本人も含めた野党への檄と受け取りたい。

「有権者とふれあう日常活動」の重要性は言わずもがな。問われるべきは、その日常活動から知った、国民の怒りや悲しみや苦難が軽減するように、どれだけ尽力したかである。自民が必死でやった日常活動の成果が、国民の怒り悲しみ苦難の増幅だとすれば、それは選挙目当ての罪深きパフォーマンス。そんなパフォーマンスに騙されて、惨めな思いをするのは終わりにしよう。

「地方の眼力」なめんなよ

（2021・10・13）

若者たちよ、変えるのは君たちだ

「手軽に情報を発信できる時代だ。飛び交う情報の真偽を見極める力が重要となる。私たちも責任の重さをかみしめ、権力におもねることなく『真実』を伝える努力を続けたい」で締めたのは、西日本新聞（10月13日付）の社説。ロシアとフィリピンの報道関係者に今年のノーベル平和賞が贈られることを受けて。

若者はもう黙っていられない

毎日新聞（10月13日付）は、若者の投票行動に焦点を当て、識者の刺激的な意見を紹介している。

「若者に貧困がどれほど広がっているのか政治家の方々には見えていないと感じます」で始まるのは、10代女性を支える活動を行っている仁藤夢乃《にとうゆめの》氏（一般社団法人 Colabo 代表）。

コロナ禍で特に増えたのが学生からの相談。「『学費が払えない』『家賃が払えない』『今日食べるものがない』と。ところが困窮する大学生を支援したくても使える公的制度がない。生活保護は大学生を対象としていないからです」と、問題点を指摘する。

そして「『若者は選挙に行かない』と大人は言います。『声を上げなければ』と。でも大人は子どもに権利を主張することを教えてこなかった。声を上げれば政治や社会を変えられる、という姿も見せてくれなかった。そもそも大人は声を上げていますか。声を上げている人を支えていますか。私たちはあきらめず声を上げます。（中略）声を上げることで運用を変えることができました」と核心を突き、「制度や法律がおかしければあきらめず声を上げる。1人の相談者のための働きかけが社会を変え、何人もの似た境遇の人に道が開ける。その姿を若い人に見せていく。Colabo のシェルターで暮らす少女たちは、選挙権を得れば必ず投票に行きます。なぜか分かりますか。自分が声を上げれば社会が変わる、と実際に体験したからです」と訴える。

長田麻衣《おさだまい》氏（15歳から24歳に特化したマーケティング研究機関である SHIBUYA109 lab. 所長）も、「そもそも日本では、Z世代（1995年以降に生まれた世代）に限らず、30代、40代でも、政治について踏み込んだ話をしにくい雰囲気がある。それが、若者を政治から遠ざけている理由の一つではないだろうか」と指摘する。

「夏に、Z世代の政治に関する意識を調査したところ、約8割の人が投票したいと考えていることが分かった。若者の投票率の低さが課題として指摘されているので、驚いた。聞き取り調査によると、一番影響しているのは新型コロナウイルスの感染拡大だ。生活がダメージを受けているため、どのような対策が取られるのかに強い関心がある。加えて、政治にかかわる人たちの間で、ジェンダーや夫婦別姓といった、若者が強い関心を持つ問題での共感できない発言などが表面化したことも、影響している。（中略）一方、今回の調査では、若者が政党ではなく、政治家や候補者といった個人に目を向けていることも分かった。政党の主張ではなく、その政治家が信頼できるかどうかや、応援したいかどうかをみている」と分析している。

提案する農系高校生

若い後継者の不足が重い課題としてのしかかる農業。日本農業新聞は10月9日付から5回シリーズで、農業の可能性や課題を学んできた農系高校生に、選挙への期待や注文を聞いている。興味深い意見を抜粋して紹介する。

「農業の多面的機能を守るためにも、若い農家を増やす政策が重要と思います。（中略）農業の役割を評価し、しっかりと守る政策の議論を深めてほしいです」（佐賀県立高志館高生、9日付）

「若い人の就農を後押しするために何が必要か、選挙の中でしっかり議論をしてほしいです」（福島県立福島明成高生、9日付）

「ＪＧＡＰ（日本版農業生産工程管理）の生かし方について、各党には政策を競ってほしいです。有機農業の拡大にはコスト低減が欠かせません。有機農業にどう向き合うか各党に方針を示してほしいです」（栃木県立宇都宮白楊高生、12日付）

「選挙では農業政策も論じ合ってほしいです。特に、食料供給にも大きな影響を与える飼料自給率をどう高めるかを考えてほ

しいです」（大分県立久住高原農業高生、12日付）

「年を取った政治家が使う言葉は、難しく聞こえてしまい、距離を感じます。若い政治家が私たちの世代と近い目線を持って、新しいものを取り入れながら、農業や地域の風景を守る施策を考えてほしいです」（鳥取県立倉吉農業高生、13日付）

士幌高校が取り組む主権者教育

日本農業新聞（10月8日付）によれば、北海道士幌町立士幌高校において、衆院選を見据え、参政意識を高めるための新たな試みとして、選挙権を持つ生徒を含む3年生が、各党の政策や過去の選挙公約を事前に調べ、6、7日の両日に議論したとのこと。

「次の衆院選でも公約を調べて一票を投じたい」「農業政策が他分野に比べて少ない。衆院選でしっかり議論してほしい」とは生徒の声。この的確で鋭い、そしてピュアな意見を忘れないでほしい。

「若いうちから政治に目を向け、農政を含め自分の考えを持つきっかけにしたい」と期待を寄せるのは、この意欲的な授業を企画した山下《やました》秦矢《しんや》教諭。悲しいかな、主権者教育ができにくいわが国の学校事情。応援しなければならない授業である。

農業を食い物にする政治屋は許さない

同紙同日3面に、「衆院選6次推薦41候補者決まる　全国農政連」の記事あり。ＪＡグループの政治組織である全国農業者農政運動組織連盟（全国農政連）が、今回の衆院選の第6次推薦候補者を決めたことを伝えている。全員自民党。

たった今、高校生が目にしているこの国の農業を、惨めな衰退産業にしたのは自民党農政といっても過言ではない。

ＪＡグループはいかなる総括をすれば、農民票を渡すことが決定できるのだろうか。疑問と憤りを禁じ得ない。

士幌高校で主権者教育が行われていた頃、東京地裁では、元農水相で元衆院議員の吉川貴盛被告に現金計５００万円を渡したなどとした贈賄罪や政治資金規正法違反罪に問われた鶏卵大手「アキタフーズ」元代表秋田善祺被告に対し、「行政への国民の信頼を害した」として有罪判決が言い渡された。収賄罪に問われている吉川被告は、自身の公判で現金受領を認めたうえで「政治献金だと受け止めていた」と無罪を主張している。

吉川被告は２０１７年10月に行われた衆院選において北海道２区（札幌市北区、東区）で当選した人。当然全国農政連の推薦は受けている。無罪を主張しているが、道義的責任は免れない。にもかかわらず、説明責任を果たさず、入院、そして辞職。

士幌高校の生徒たちには、吉川問題について、推薦した組織に対し、どうけじめを付けようとしているのか、問うて欲しい。

ガッカリするような答えしか返ってこないはず。失望することはない、君たちが変えていく、大きな目標ができたのだから。

「地方の眼力」なめんなよ

地方をなめんなよ

（2021・10・20）

「この国の針路を決める選挙戦が幕を開けた。さまざまな状況下で苦しい思いをしている人たちの声を、政治はすくい上げられるか。マイクを握った候補者は、どれほど私たちの苦楽を肌で知り、当事者意識を持ち合わせているだろうか。各候補者の声に耳を傾け、確かな目で選び抜きたい」（わかやま新報、10月20日付、コラム「しんぽう抄」）

「VOICE　PROJECT　投票はあなたの声」

14人の俳優やミュージシャンが、「これは広告でも政府の放送でもなく、僕たちが僕たちの意思で作った映像です」という説明に続き、一人ひとりが投票への思いを語っている。衆院選での投票を若者に呼び掛ける「VOICE PROJECT　投票はあなたの声」と題された約3分半の動画。16日に「ユーチューブ」に公開され、20日11時時点で視聴回数が42万回を超えている。

朝日新聞デジタル（10月19日11時）によれば、この動画は「いっさいの政党や企業に関わりのない、市民による自主制作プロジェクト」として、映像作家ら3人が発起人となって企画したもの。関根光才《せきねこうさい》氏（映像ディレクター）と菅原《すがわら》直太《なおた》氏（映像プロデューサー）が朝日新聞の取材に応じた。

2人は数年前から、投票率の低さに問題意識を寄せ、「影響力のある俳優やミュージシャンと動画を発信したらより多くの人に伝わるかもしれない」と7月下旬から、衆院選を見据えて構想してきた。今回は特に「自分たちの生活と政治が地続きであると多くの人が感じた」コロナ下の選挙で、「今やるべきアクションだと思いました」とは関根氏。応じてもらえそうな俳優やミュージシャンらに声をかけ、約1カ月で出演者が固まった。

インタビュアーは関根氏。出演者本人の言葉を尊重する。誰かを批判したり説得したりするのではなく、自分がなぜ投票するのかを大事にした。全員の言葉をつなぎ合わせ、ひとつのメッセージを紡いだ、とのこと。

老若男女、必見の3分半。

争点にならない「地域活性化」

その衆院選に対する有権者の関心や政党支持傾向を探る全国電話世論調査（第1回トレンド調査）を共同通信社が16、17の両日に実施した。回答者数は1257人。注目した調査概要は、次のように整理される。質問項目は当コラムの責任で要約している。

（1）衆院選への関心度合いは、「大いに関心がある」23・5％、「ある程度関心がある」46・1％、「あまり関心がない」23・7％、「全く関心がない」6・7％。

（2）小選挙区で投票する候補者の政党で、最も多いのは「まだ決めていない」40・3％、これに「自民党」32・9％が続いている。

（3）比例代表で投票する政党は、最も多いのが「まだ決めていない」39・4％、これに「自民党」29・6％が続いている。

（4）（2）（3）から、選挙告示直前において4割が投票先を決めておらず、この4割をどう引き寄せるかが各党の課題となる。

（5）投票時に一番重視する争点として、最も多いのが「経済政策」34・7％、これに「新型コロナウイルス対策」

19・4%、「年金・医療・介護」16・5%が続く。なお、「地域活性化」は3・3%で11項目中7番目。「憲法改正」は1・5%で10番目。

下降曲線に耐えうる国づくり

さて、経済政策やコロナ対策のはざまに埋没しているのが、地域活性化であり地域創生という課題である。

「自民・公明の連立政権による地方創生は、はかばかしい成果を残していない。今後の地方の在り方に関わる政策は、その反省に基づくべきだ。19日公示の衆院選でも、与野党で大いに論じ合ってほしい争点だと私たちは考える」で始まるのは、西日本新聞（10月16日付）の社説。

「地方創生は人口減少への強い危機感から、2014年に安倍晋三政権の看板政策となった。人口減少が現在と近未来の社会に与える影響を考えれば、国と地方自治体が協力して取り組む意義は大きかったと言える。特に期待されたのは東京一極集中の是正だ」と続くが、「現状は達成に程遠い」「政府機関の地方移転も文化庁など一部にとどまり、規模は小さい。掛け声倒れである。何より人口減少の要因である少子化に歯止めがかからない」と、慨嘆が続く。

気を取り直して、「地方創生は経済や働き方、福祉、教育などを包括した政策であり、多角的な検証が必要だ。併せて、国と地方の関係を捉え直す議論を求めたい」とする。

そして、「地方分権一括法の施行から20年が経過し、分権改革は国の重点政策ではなくなった。逆に集権回帰の傾向が強まっている」ことを指摘し、「国主導の集権的な地方創生では行き詰まる。地方に関する国の政策は『集権・統制型』から『分権・自立支援型』に改めるべきである。長く棚上げになっている国と地方の税財政改革にも取り組みたい」と、重要課題を提起する。

秋田魁新報（10月19日付）の社説も、「前回選挙で国難の一つとされた少子高齢化の対策はこの間、遅々とした歩みだった。その影響が大きい地方の経済や社会の疲弊に対し、国政はしっかり目を向けてこなかった。地方再生も忘れてはならない課題」とする。

紀伊民報（10月20日付）は「論」において、「コロナ後の社会を考える上で、大きな課題が人口減少である。政府が『地方創生』を看板政策に掲げたのは7年前。前々回の総選挙を前にぶち上げ、多額の予算を投入したが、地方から首都圏への人口流出は止まっていない。和歌山県は『人口流出グループ』の先頭集団にいる」と、地域の実情を憂えている。

そして「私たちはいま、人口の増加を見込んでつくられた政治と社会を、下降曲線に耐えられるものに造り替える歴史的な分岐点にいる」と鋭い情況分析ののち、「自分の1票だけで一気に未来が変わることはない。有権者が1億人いたら、1億人の考えがある。しかし、それぞれの1票が大きな流れを生み出す力を秘めている。等身大の1票で、理想の社会へと続く道を選択しよう」と語りかける。

聞こえますか見えますか考えていますか

同日の紀伊民報のコラム「水鉄砲」は、米価下落を取り上げ、「想像してみよう。コメの価格が下落し、農家が耕作を放棄して、田畑が荒れ放題になった光景を。（中略）いま手を打たないと、4割を切っている食料自給率の改善は夢のまた夢。農家の営農意欲も失われ、地域の過疎化を一気に進める恐れがある。米作農家の危機は地域存亡の危機でもある。米価の問題にとどまらず、地域振興、都市と農村の均衡ある発展、という視点での対策が必要だ」と訴える。

「論」と「水鉄砲」に睨まれるような所に和歌山3区の候補者4人の写真付きプロフィールあり。もちろんそこには自民党前幹事長の二階俊博氏の姿も。二階さん、あなたの地元の新聞が発する叫びが聞こえますか、理解できますか。

「地方の眼力」なめんなよ

農業が地域を支える

（2021・10・27）

「昔、北海道のコメは『やっかいどう米』と言うほどだったが、今はやたらうまいコメを作るようになった。農家のおかげか、違う。温度が上がったからだ。温暖化というと悪いことしか書いてないが、いいことがある」などと発言したのは、自民党の麻生太郎副総裁。北海道で街頭演説をしたときのこと。官民一体となって取り組んだ産米改良の努力など、まったくご存じないようだ。地球温暖化の影響を受けているのは、間違いなくこのひとの脳ミソ。

「命」を育む農の価値

麻生発言を待っていたかのように米どころからの社説二編。

「コメ余りに伴う米価下落で、本県などコメ主産地が苦境に陥っている。県内は作柄も良くなかった。与野党は現場の切実な声に耳を傾け、農家が希望を持って農業を続けられる政策を打ち出してほしい」と、冒頭より訴えるのは新潟日報（10月26日付）。

「選挙ではこれまでの政権が進めた農政の是非も問われる。安倍政権は、農業の規制緩和を加速させた。国による減反を廃止したのはその象徴だ」とする。

その結果、一方では「2020年度の食料自給率はカロリーベースで37％と過去最低水準となった。30年度に45％に上げるとする政府目標は一段と遠のいた」ことを、他方では「中山間地を中心に担い手の高齢化と減少に歯止めがかからず、集落の維持が困難になっている地域も増えている」ことを突きつける。

さらに、「世界的には人口増や温暖化による自然災害で食料不足が懸念されている。最近は輸入に頼る小麦の価格が上昇している」ことから、「各党は聞こえのよい政策やその場しのぎの対策ではなく、国民の食料を安定的に確保できる足腰の強い農業を育てるため、骨太な論戦を展開してほしい」と訴える。

秋田魁新報（10月26日付）は、各党の農業公約が、米の価格維持対策を訴えていることに理解を示したうえで、「その先の問題として必要なのは、日本の稲作経営をどのような形で継続させていくかという視点だ。その将来像がなかなか見えてこない」と不満を隠さない。

減反廃止後、稲作経営において大規模化が進んだが、「一方で、条件の不利な中山間地域の小規模農家への対策が手薄になったことはなかったか。そこに住み営農を続けるからこそ、集落や景観が維持されている面もあるのが農村の現実だ」とする。

「輸出に向けて稲作の大規模経営化を進めるだけでなく、小規模経営にも光を当てる。そうした均衡ある視点が、稲作の将来像には必要なのではないか」と問題提起し、「稲作に限らず、多様な『農の形』を確保することも欠かせない」とする。「コロナの影響で失業や減収に追い込まれた人たちに携わってもらう取り組み」に注目し、「地方への移住者が農業と他の仕事を両立する働き方」や「観光や福祉などとも結び付け、一人でも多くの人が参加しやすい仕組みづくり」を強力に進めることを提案する。

そして、「地球温暖化がさらに進めばコメの収量減や品質低下、果樹の適地北上、乳牛の牛乳生産能力低下などが懸念される」ことから、食料安全保障の観点の重要性を強調する。

「『命』を育む農の価値は、経済効率だけでは測り切れないはず」として、「それぞれの地域の実情に即した技術面、資金面の支援策など多面的な政策の在り方も考えなければならない」と正論で締める。

先送りできないテーマ「地方創生」

地方創生の視点からの社説二編。

山陽新聞（10月23日付）の社説は、「東京一極集中を是正し、人口減少に対応するための『地方創生』」を先送りできないテーマと位置付ける。

「地方の衰退は目を覆うばかりだ。拠点都市でさえ若者らの流出に歯止めがかからない。岡山県内でも3分の1に当たる9市町は45年までの30年間に人口が4割以上減ると推計されている。住み慣れた地域の存続が現実の問題として危ぶまれている」にもかかわらず、「衆院選の各党公約からは危機感が全く感じられない」と憤る。

「コロナ禍は人口が過度に密集する都市のもろさをあぶり出し、地方分散の流れを生みつつある。首都直下地震のリスクも指摘されて久しい。衆院選は、国づくりの根幹となる政策の議論を深める絶好のタイミングでもあるはずだ」として、「各政党や候補者は人口減対策と一極集中の是正に正面から向き合うべきだ。論戦を通じて大胆かつ実効性のある施策を競い、強力に実行しなければ地方は立ちゆかなくなる。この選挙では、地方創生に漂う手詰まり感をいかに打破するかも問われている」と訴える。

最後に、「気掛かりなのは、各党が無党派層狙いで都市部重視の運動に傾きつつあることだ。周辺部を軽視するようでは国民の支持は得られまい」と、くぎを刺すことも忘れていない。

「人口が減っても社会の機能が維持でき、暮らしの豊かさが保てる道筋が必要だ。生産と消費を拡大し続ける大都市中心の経済構造の転換が迫られる」とするのは、信濃毎日新聞（10月24日付）の社説。

「各党の公約で『地方』に的を絞った論点は希薄」で、「それぞれの主張から、地域を持続可能にしていくための具体像は浮かんでこない。重要な政策なのに議論が埋没していないか」と指弾する。

若い世代で地方移住に関心が高まっていることを取り上げ、「行政には住民の多様な声をくみ上げながら、民間の組織とも協働し、自治に生かしていく姿勢が求められる」とする。

持続する農業が地域社会の持続を支える

山口二郎氏（法政大教授）は、日本農業新聞（10月25日付）において、「気候変動対策を進めることは急務だが、同時に世界中で凶作が頻発するという前提の下に、食料の確保を図ることが政治の重要課題となる」ことから、「食料の確保や地域社会の持続」を今回の衆院選の争点にあげる。

「今年の米価が下がって農家の経営が立ち行かなくなるという記事を読んで、がくぜん」とし、「地域社会の持続は、基幹産業たる農業が持続してこその話」とする。しかし、「自然を相手にした営みである農業では、効率化には限界がある」ため、「ひと頃の稼ぐ農業ではなく、国民の需要に応える、持続する農業こそが求められている」と指摘する。

食料生産はもとより、その過程において産み出される多面的機能の価値は計り知れない。農業をはじめとする、第一次産業は地域の、そしてこの国の基幹産業である。

「デジタル田園都市国家構想」のような底の浅い、薄っぺらな政策で後退国日本は救えない。

「地方の眼力」なめんなよ

負けから学ぶこと多し

（2021・11・10）

「令和初の衆院選とかけまして迷宮入りした難事件と解きます。（その心は）悩んだ末に、結局、自公（時効）になりました」（謎かけ芸人・ねづっち氏、毎日新聞11月10日付夕刊）。

砂上の「安倍派」誕生か

モリ・カケ・サクラなど、数多の悪事が時効にはなっていない安倍晋三氏。自民党最大派閥の細田派は9日の幹事会で、安倍氏に派閥復帰と会長就任を要請することを決めた。11日の総会を経て「安倍派」が誕生する。砂上ではあるが、キングメーカーとしての足場ができた。岸田首相が思い通り動かず、寵愛《ちょうあい》する高市政調会長に女性首相の芽がないとみれば、再々登板の可能性あり。すべては彼の「腹」次第か。

ただし、毎日新聞（11月4日付）によれば、同紙が、衆院選全候補者を対象に実施したアンケートのうち当選者分を集計・分析した結果、学校法人「森友学園」を巡る財務省の決裁文書改ざん問題については、その44％が「さらに調査や説明をすべきだ」と回答。与党内でも自民の17％、公明の35％がさらなる調査・説明を求めているとのこと。

記事は、「長期政権の『負の遺産』とされる森友問題に岸田文雄首相がどう向き合うかは今後の焦点の一つとなる」としている。

野党共闘に水、与党に塩

野党共闘、とりわけ立憲民主党の後退に少なからぬ影響を及ぼしたのが芳野友子《よしのともこ》（第8代連合会長）。

10月7日の記者会見において、立憲民主党中心の政権が樹立された場合、共産党は「限定的な閣外からの協力」をするとした立憲と共産の党首合意に対して、「共産の閣外協力はあり得ない。（立民の）連合推薦候補にも共産が両党合意を盾に、共産の政策をねじ込もうという動きがある」と述べた。

その後も、共産党との共闘に不快感を示し、野党共闘に水をさし続け、結果的に与党に塩を送ることとなる。

11月4日に行われた日本記者クラブにおける会見でのこと。前半30分の講演の多くは「ジェンダー平等」に割かれたが、後半30分の記者からの質問においては、野党共闘とりわけ共産党に関する見解を問うものが多かった。

「共産党との閣外協力を完全に廃棄しない限り立憲を応援しないのか」「共産党と組んだ立憲が議席を減らしたことは、芳野氏にとっては歓迎すべきことだったのか」「共産党が入り込んで、両党の合意を盾に、立民候補の陣営で、共産側が独自政策をねじ込もうとする動きがあると懸念を表明されたことがあったが、その具体的事例を示して」「立憲民主党の次の代表に、どのような共産党との関係を求めるのか」「今の共産党はかつての原理主義的な時と違い、かなり社会民主主義的になっているが、それでも許さないのか。だとすれば、いわゆる反共攻撃に呼応することになるが」など、鋭い質問の数々。

しかし、「共産党との共闘はあり得ない。中道の精神に立つ連合は、共産主義とは向き合わない」と答えただけ。

「ガラスの天井」を破った芳野氏の頭がカタイことと、氏が自民党の隠れチアレディであることがよく分かる会見だった。

砂上にたつ立憲民主党の課題

「芳野氏は、市民連合を介し、野党四党が政策の合意や統一候補の調整など、時間がない中でどれほどの努力を積み上げてきたか、ご存じなのか。本来、組合組織と政党は対等・平等で、互いにリスペクトする関係にある。圧力団体であってはならない。（中略）来年の参院選も、統一候補でなくては自公と戦えないのは自明の理だ。連合は、共産党との共闘を模索する立民でなく、国会審議でウソばかりの自公政権にこそ、苦言を呈する強さを持って欲しい」とは、東京新聞（11月9日付）に掲載された読者（荒井信次氏・69、さいたま市）の声。

西日本新聞（11月2日付）の社説は、衆院選の結果を受け、「小選挙区で自民、公明の連立与党に対抗するには、野党側も一つのまとまりになるべし、というのは分かりやすい理屈だ。ただそうした数合わせの論理が先行し、有権者の疑問を解消する時間不足は否めない」とする。そして、「立民は有権者との日常的な対話が足りていないように思える。有権者の違和感が分からないから党や候補者の訴えが響いてこない。地域での組織力といった地力で与党側に劣るだけに、欠かせないポイントのはず」と苦言を呈し、「民意をくみ取れていない現実を直視しない限り、党勢拡大への近道はないと認識すべきだ。来夏の参院選に向け、支持者や有権者とともに公約を一から練り上げていくような地道な作業に取り組んではどうか」と提言する。

立憲民主党の代表選の眼目に、「野党共闘の在り方」をあげるのは、新潟日報（11月6日付）の社説。「選挙で自公の堅固な枠組みに対抗する上で、野党がバラバラでは勝機が見いだしにくいのが現実」とし、「『共産のせいで負けた』とでも言うような結論付けは、安易過ぎるのではないか」と釘《くぎ》を刺す。「参院選を控える中で求められるのは共闘の功罪を丁寧に分析し、教訓を次に生かすこと」とし、「立民が風やムード頼みから脱し本気で政権交代を目指すなら政策立案能力をもっと磨き、課題として指摘されてきた党組織の足腰の強化についても力を入れる必要がある」と急所を衝く。

金丸も竹中も甘い汁は手放さない

日本農業新聞（11月10日付）の1面は、政府がデジタル改革と規制改革、行政改革について一体的に議論する「デジタル臨時行政調査会」を新設したことを伝えている。民間構成員として、農協改革に関与した金丸恭文《かねまるやすふみ》氏（フューチャー会長兼社長）も選ばれている。

解説記事では、「政府の規制改革推進会議は、岸田文雄首相が自民党総裁選で『改組』を掲げたにもかかわらず、従来通り個別に存続することになった」として、「約束の反古」に不満の意を漂わせている。

さらに3面では、地方活性化を議論する「デジタル田園都市国家構想実現会議」のメンバーとして、政商の誉れ高き竹中平蔵《たけなかへいぞう》氏（パソナグループ取締役会長）が入っていることを伝えている。竹中外しがなされなかったことからも、安倍体制の継承は明らか。

その記事の横では、簗和生《やなかずお》氏が自民党の農林部会長となったことを伝えている。「農政を重視する若手議員の一人」と紹介されているが、そんなことまったく知らな〜い。

氏を全国区にしたのは、5月20日の党会合で、性的少数者を巡り「生物学上、種の保存に背く。生物学の根幹にあらがう」といった趣旨の差別発言。閣僚経験者からも「差別意識があると言われても仕方ない。愚かな言動だ」と言われる始末。やな感じ。

でもJAグループのお偉いさんたちは、こんな人たちとつるむのが好きなんだよね。恥ずかしくないの。「農ある世界」だけではなく、市井の人びとを取り巻く情況は悪化の一途。だからこそ、ますますやる気の出てきたばい。

「地方の眼力」なめんなよ

あの肥をくむのはだれだ

山下惣一《やましたそういち》氏（作家）は、中学生の頃、「肥えくみ」を手伝わされた。「立ち上る悪臭たるや…。何度も気絶しましたね」「いやあ、これはつらかった。（中略）毎日考え、毎日泣いて。本当に自殺を考えました」。そして「そんな肥くみ。全ての人に一生に1回は体験してほしいですね。間違いなく世界観、人生観が変わります。それにしてもこの国には、ぜひとも肥くみをさせたい人間がいっぱいい、いますね」と語る（聞き書き「振り返れば未来」、西日本新聞11月12日付）。

（2021・11・17）

瀬戸内寂聴氏の「祈り」を伝えぬＮＨＫ

11月9日、瀬戸内寂聴《せとうちじゃくちょう》氏（作家・僧侶）が心不全で死去。享年99。その死を多くのメディアが伝えたが、公共放送機関であるＮＨＫの取り上げ方には異議あり。午後9時から始まったニュースウォッチ9は、トップに据え7分弱ほどで氏の生涯や業績などを紹介した。そのほとんどは、小説家としての姿と、出家してからの聴衆を魅了した各地での法話にまつわるエピソードであった。

当コラム、氏の小説は一冊も読んでいない。しかし氏の社会問題への積極的な関わりに共感するところは多かった。主なものとして、「徳島ラジオ商殺し事件」の支援活動、91年「湾岸戦争の即時停戦祈願の断食行とイラク訪問」、95年「阪神・淡路大震災の被災地訪問」、２００１年「9・11米へのテロを受けての断食行」、03年「イラク武力攻撃反対の意見広告」、11年「東日本大震災の被災地訪問」、12年「脱原発を求めるハンストへの参加」、15年「国会前での安保法制反対スピーチ」があげられる。

にもかかわらず、NHKが伝えたのは東日本大震災関連のものだけ。「愛した、書いた、祈った」を、墓石に刻む言葉として瀬戸内氏自らが記していた。晩年、数多の社会問題に心を痛め、懸命に「祈った」ことを軽く扱った報道姿勢からは、「公共放送」の責務とそれを担う者たちの矜持《きょうじ》も、そして何より瀬戸内寂聴氏への敬意の念が感じられない。どこまでおちれば気が済むのか。

小学生が石木ダムの水没予定地を見学　歴史と自然まなぶ

この見出しの記事はほぼ1年前のもの（朝日新聞DIGITAL　２０２０年11月14日 9時30分）。全文を掲載する。なお、記事では実名の教諭名をイニシャルで表す。

長崎県川棚町《かわたなちょう》に計画中の石木《いしき》ダムの水没予定地を11日、長崎市の小学生約80人が社会科見学で訪れた。ダム予定地を含む一帯には太平洋戦争中、町の海岸部にあった魚雷工場が疎開したことで各所に遺構が残る。平和学習、人権教育のほか、コンクリート護岸のほとんどない川が流れる集落での自然観察の三つを兼ねて行った。

13世帯約50人がいまも暮らす水没予定地の川原《こうばる》集落を訪れたのは長崎市立矢上《やがみ》小学校の6年生。住民の日常を撮った映画を事前に見て準備をしてきた。

引率したN教諭はショベルカーが動き回る近くの林道で子どもたちに目を閉じさせ、「感じたことを書き留めて」と語った。数分後、「この山の裏手の、もっと大きな音がする場所で住民の皆さんが毎日座り込みをしています。その気持ちを少しでも想像して」と続けた。

魚雷工場の遺構では、子どもたちは触れたりスケッチしたりした後、3班に分かれて住民の話を聴いた。集落の総代炭谷《すみや》猛《たけし》氏（70）は戦時中、亡母が貨車で川棚に運ばれてきた原爆の被爆者を、看護師でもないのに手当てをしたこと、国に土地を取られたのは魚雷工場の移転とダムで2度目であることを語った。
子どもたちからの「ダム工事がなければどんな生活をしたかった?」との問いに、「休みの日に近くに登山し、ゆっくり田んぼをつくり、日本じゅう回ってみたかった」と語った。

素晴らしい社会科見学を企画し実践された教師と素直な子どもたち、という感想しか浮かばないが、そうは思わぬヒトもいる。

教諭に文書訓告処分!?

西日本新聞(11月10日付長崎北版)は、長崎市教委から今年7月に、「保護者の承諾や校長への確認を得ないまま感想文を校外に提供し、校長が求めた『供述書』の提出書を拒んだことを理由に文書訓告処分」を受けた、この社会科見学を実施したN教諭が、市公平委員会に処分の取り消しを求める審査請求を行ったことを報じている。

9日に会見した教諭と代理人弁護士は「感想文は個人が特定されないよう配慮した上、これまで修学旅行や平和学習でも保護者の承諾や校長への確認がないまま相手に送ったが問題になったことはなかった」と主張した。

「児童の個人情報を口実に行政が教育内容に介入すべきではない」とは教諭。

「石木ダムを取り扱ったことによる報復的処分」とは代理人弁護士。

「審査中のためコメントを差し控える」とは市教委の回答。

忖度にまみれ、萎縮した教育の現場から、のびのびと生きる力をみなぎらせた子どもは育たない。

この人にくんでもらいます

おアマリにあずかって、めでたく自民党のナンバー2である幹事長となった茂木《もてぎ》敏充《としみつ》氏。偉そうにしているから生理的に嫌いだったが、この目に狂いがないことをFRIDAY（11月26日号）が証明している。

証拠書類は茂木氏が経済産業大臣だった時、同省の官僚が作成した氏のトリセツ（取扱説明書）。お人柄を表しているところを、ほんのさわり程度でおつなぎする。興味と関心のある方はお買い求めを。

・何よりもまずタバコ。タバコが吸えるか吸えないかで大臣の機嫌が大きく変わる。タバコとライターは、秘書官、警護官、（黒消し）主任が常にすぐに出せるように持ち歩いている。ありとあらゆる場所で吸える環境を最大限整えることが必要。

・大臣は疲れがたまってきた時に顔を拭く、また鼻をかみたい時におしぼりが求められる（暖かいものか冷たいものかは、その時の大臣の気分次第）。

・最近の出張では、マッサージを常に求められるため、訪問先でマッサージが受けられるよう、マッサージ師（可能な限り女性マッサージ師）の派遣可能性、時間と料金、キャンセルポリシー等を事前に確認しておく必要がある。

まずは笑うしかない。そして怒りを込めて長嘆息。悲しいかな、官僚は公僕ではなく下僕と化している。

肥えくみ候補者はたくさんいるが、今日のところは、茂木敏充君に決定！

「地方の眼力」なめんなよ

テレポリティクスでイシンゼンシン

（2021・11・24）

「テレポリティクスという言葉がある。メディアの中でも特にテレビを巧みに活用する政治手法のことである」ではじまるのは「倉重篤郎のニュース最前線」『サンデー毎日』（12月5日号）。

国民栄誉賞は辞退すべし

エンゼルスの大谷翔平《おおたにしょうへい》選手は、日本政府から国民栄誉賞授与を打診されたが、「まだ早いので今回は辞退させていただきたい」と返答したそうだ。

野球界では1983年に当時世界新記録の通算939盗塁を達成した福本豊《ふくもとゆたか》氏、元マリナーズのイチロー氏に続く3人目の同賞辞退。なお、イチロー氏はこれまでに3度、国民栄誉賞の授与を断っている。

「そんなんもろうたら、立ち小便もできへんようになる」と辞退し、大きな話題となったのは福本氏。氏は、スポーツ報知（11月23日6時配信）で、「真意はそうじゃない。国民の模範となれるか？　そう考えると、自分の行動に自信が持てなかった。酒は飲むし、当時はたばこも吸うし、マージャンもしていた。とてもじゃないが、品行方正と呼べる人間じゃなかった。だから、辞退させてもらった。そんなたとえ話のひとつとして『酔っぱらったら立ちションベンもする』と言ったのが〝福本伝説〟みたいになってしまっているけどね」と、その真相を語っている。

ことの真相はおいといて、福本氏の立ちション話はいいですね。

大谷選手と岸田首相とのツーショットは、テレポリティクスの格好の材料。そんな賞のどこに価値があるのか。「国民」の名を勝手に使い、選手の功績を政治的に利用しようと目論《もくろ》む連中のつらにこそ、ションベンや。

進むニュース内容の砂漠化

西日本新聞で連載中の「米地方紙の再生」(11月23日付)によれば、米国では、「読者の『紙離れ』が進み、小規模な新聞を中心に全体の4分の1に当たる2100余りの新聞が廃刊に追い込まれた。新聞が不在となった地域は、住民に重要な情報が届かず、権力への監視機能が働きにくくなる。『ニュース砂漠』は民主主義の弱体化につながるとして、米国で深刻な社会問題となっている」そうだ。

残念ながら、わが国では「ニュース砂漠」化は防げているものの、「ニュース内容砂漠」化が進んでいる。

冒頭で紹介した「サンデー毎日」で倉重篤郎氏(毎日新聞客員編集委員)は、「テレビジャーナリズムの現状に対する最も手厳しい内在的批判者」と評価する、金平茂紀《かねひらしげのり》氏(ジャーナリスト)にインタビューを行った。

金平氏は、自民党総裁選に関して「メディアジャックだ」と斬った後、「公職選挙法による規制がないのをいいことに、同党だけの主張や政策の宣伝を延々と報道する。まるで衆院選(比例代表部分)の事前運動に協力したようなものだ。(中略)ある意味自民党が日本なんだ、という刷り込みだった」と総括する。

衆院選報道については、「今度は公選法に縛られ放題の報道だ。選挙期間に入った途端に報道しない。(中略)面倒くさい、やりたくないや、と。世界にこんな国ないですよ。それで有権者に対してちゃんと選べよ、選挙に行きましょう、と言っても無理だ。(中略)枠組み自体がおかしいじゃないかという想像力が今のメディアの中にない」と容赦無い。

「日本維新の会」(以下、維新)台頭の背景を問われて、「その一つはテレビだ。橋下徹《はしもととおる》(元大阪市長)も吉村洋文《よしむらひろふみ》

（大阪府知事）もテレビの露出度がすごい。（中略）政務とは別にどこの番組のどのワイドショーに何分出るか決めている。極論するとテレビが生んだ右翼ポピュリスト政党だ。露出が権力を生む。（中略）テレビがなければ彼らはいない。一種のメディア・スター政治だ」と分析する。

その維新が自民党と連携して、国政で存在感を高め、農政においても悪しき影響を及ぼしてくる、と心しておかねばならない。

前回の衆院選における比例代表での維新の得票率を見ると、10％超えは近畿の2府4県のみであった。それが今回、近畿以外で10％を超えたのは、宮城、栃木、埼玉、東京、千葉、神奈川、富山、石川、岐阜、愛知、広島、徳島、福岡となっている。さらに、沖縄以外の都道府県では、前回と比べて得票率を上げている。

「一ローカル政党」と上から目線で軽く見ていると、来年の参院選で痛い目にあう政党や候補者が続出すること間違いない。

新自由主義そのものの維新の政策

「政策提言 維新八策２０２１」に示されている、産業別成長戦略の特徴を端的に表しているのが次の2項目。

「すべての産業分野において、競争政策3点セットとして（1）供給者から消費者優先（2）新規参入規制の撤廃・規制緩和（3）敗者の破綻処理が行われ再チャレンジが可能な社会づくりを実現します」

「特に規制改革については『事前規制から事後チェック』への移行を目指し、（中略）イノベーションを促進します。根強く行政に残る過剰な規制については、（中略）段階的に削除していくことを目指します」

竹中平蔵氏が泣いて喜ぶ、競争政策、規制改革路線で、農業政策も農協対応も行われることを次の項目が示している。

「減反政策の廃止を徹底し、コメ輸出を強力に推進します。また、戸別所得補償制度の適用対象を主業農家に限定します」

「農協法の更なる改正により、地域農協から金融部門を分離し、また地域別に株式会社化することで、『農協から農家のための農業政策』へ転換を図ります」

「農協の地域独占体制を改善するために、農協に対する独占禁止法の適用除外規定を廃止し、複数の地域農協の設立を促進するなど、競争環境を整備します」

「農地法改正により、株式会社の土地保有を全面的に認め、新規参入を促進します。同時にゾーニングと転用規制を厳格化し、農地の減少を食い止めます」

「農水行政のあり方は抜本的に見直し、農水省は解体的な改編も視野に組織改革を行います」

この落とし前を付けるのはあんたたちだ

選挙前は軽く読み流していた。選挙結果を受けて読み返すと、これまでの規制改革論者より先鋭化していることに背筋が凍る思いをした。ＪＡグループはこのような連中を相手に、不毛な防衛戦を強いられることになる。

しかしよくよく考えれば、今回もまた自民党勝利を目指して支え続けたＪＡグループにとっては、自ら選択した「自業自得」の道。政権と維新の農業・ＪＡに対する政治姿勢を拒否するのなら、農政連はきっちり落とし前をお付けください。
「地方の眼力」なめんなよ

躊躇なく消費税減税、そして廃止

（２０２１・12・01）

晴れの国・岡山とはいえ、冬は寒い。ほんの一週間ほど前、寒さに耐えられず灯油を買いにガソリンスタンドへ。灯油もガソリンも、高っ！

「暫定税率」と「二重課税」という手口

「原油価格の高騰が新型コロナウイルス禍からの回復途上にある世界経済に水を差している。事態の打開に向け、政府は石油備蓄を放出する方針を決めた」で始まるのは山陽新聞（11月26日付）の社説。「原油高に伴う燃料高は既に家計を圧迫している。岡山県でも22日時点のレギュラーガソリンの店頭平均価格が1リットル当たり１６５円台と、年初と比べて約33円上がった。重油や灯油も高値水準が続いており、農業や漁業、運輸などへの影響も深刻だ。政府には支援策を充実させることが強く求められる」と訴える。

荻原博子氏（経済ジャーナリスト）は「幸せな老後への一歩」（「サンデー毎日」12月12日号）において、ガソリン価格のカラクリを示している。

11月15日時点のレギュラーガソリンの給油所小売価格（現金払い、全国平均）は1リットル168・9円。その内訳は、ガソリン本体価格96・95円、税金71・95円。われわれが支払っているガソリン代の42・6％が税金。

ここまで税金を膨張させているのが、「暫定税率《ざんていぜいりつ》」と「二重課税」。

「暫定税率」とは、1974年に道路特定財源として暫定的に課せられたものだが、現在も徴収されている。ただし、その使用目的は道路財源ではなく、一般財源に充てられている。荻原氏は、この「暫定税率」分の廃止を提案する。

さらにトリガー条項（ガソリン価格が3カ月連続で1リットル当たり160円以上になった場合、25・1円の暫定税率分を停止する）の発動を求めている。

そして、ガソリン本体に揮発油税、地方揮発油税、石油石炭税などを加えたものに消費税が課せられる、というのが「二重課税」問題。

家計が危機的な状況となる一方で、国の税収は増えて潤う状況を「それはいくらなんでもおかしいでしょう」と憤る。

地方経済への打撃

河北新報（11月26日付）の社説は、「ガソリン価格の高騰対策には、揮発油税などの税率を時限的に引き下げる『トリガー条項』があるが、政府は実施には関連法の改正が必要で時間がかかるとして見送った」ことに言及し、「気に掛かるのは、いずれも『スピード重視』を口実に小手先の対策に終始していることだ。意地の悪い見方をすれば、価格抑制効果が表れなくても、政府は『備蓄油種の入れ替えが目的だった』『元売りとスタンドが適切な対応を取らなかった』などといった言い逃れが可能になる」ことを危惧する。

そして、「ガソリン価格の高騰は、施設園芸農業や遠洋漁業、運輸業などを中心に体力の弱い事業者に深刻な打撃を与えている。必要な法改正のために汗をかく最低限の責任に背を向けることは許されない」と、厳しく追及する。

琉球新報（11月25日付）の社説も、「価格高騰を抑える方法として、ガソリンにかかる揮発油税などの税率を一定条件で時限的に引き下げる『トリガー条項』がある。発動には関連法改正が必要だが、なぜこの方法を採用しないのか。理解に苦しむ」とする。

秋田魁新報（11月25日付）の社説は、「岸田文雄首相は農業、漁業など業種別の対策も行うことを表明した。農家や漁民、中小事業者の経営や一般の家庭生活を守るため、実効性のあるきめ細かい対策」を求めている。

新潟日報（11月25日付）の社説も、「冬場を迎え、暖房用に灯油を多く消費する本県の家庭やビニールハウス栽培で使う農家などは、価格高騰に大きな影響を受けている。感染が落ち着き、景気回復が期待される中で、原油高騰が足かせにならないよう、政府は実効性ある支援を講じてほしい」と訴える。

身も心もフトコロも寒々とする

1面に「食卓厳冬」という見出しを掲げ、食料品の値上げが12月から相次ぐことを報じているのは東京新聞（11月30日付）。

原因は、「世界的な食料需要の高まりに加え、原油価格の高騰で原料費や物流費が上がっている」ことで、「家計負担がじわりと増す冬になりそうだ」としている。

永浜利広《ながはまとしひろ》氏（第一生命経済研究所首席エコノミスト）は、「穀物価格の上昇がパンや調味料などの値上げにつながった」と指摘し、「家計に占める食費の割合が高い低所得者の負担が増えかねない」と、コメントを寄せている。

同紙は3面でも、相次ぐ値上げが、コロナ禍から回復途上の飲食店や個人消費にブレーキをかけそうな状況を伝えている。

「お客さんの財布のひもが固くなっている」「菓子類など食パン以外のものは売れにくくなった」と現状を語るのは、東京都区内のパン店の店主。売り上げが減る中、仕入れ先から年明けに小麦を値上げすると通知を受けており、「店頭価格を上げざるを得ない」と嘆いている。

「輸入牛肉の値上げを仕入れ先から伝えられた」が、「緊急事態宣言の解除後に戻って来た利用客に負担をかけたくない」ので、値上げはしないと語るのは、東京都区内のビアレストラン経営者。肉の部位を変えるなどで原価を抑え、持ちこたえる考えとのこと。

性悪な政治家と役人ども！　９００億円をもてあそぶな

同紙同日によれば、財務省は26日の衆院予算委員会の理事懇談会で、18歳以下への10万円相当の給付に関し、現金とクーポンに分けると、現金一括にした場合と比べ、約９００億円余計に費用がかかり、トータルの事務費は１２００億円程度に膨らむことを明らかにした。

政府関係者によれば、「給付金が貯蓄に回されたり、子育て以外に使用されたりするのを避けるため」に現金一括を避けたそうだが、貯蓄や目的外使用を防ぐために９００億円をつぎ込む姿勢のほうが問題である。この程度のお金でも、将来のために取りあえずおいて置かねばならぬ人や、緊急を要する出費に用いなければならない人を罪人扱いする、性悪説《せいあくせつ》に立った政治家や役人こそ性悪《しょうわる》そのもの。性悪な政治家と役人だらけの世界に長年棲息していれば、市井の人びと皆が性悪に見えてしまうのだろう。

９００億円、ねんごろの業者に渡すぐらいなら、消費税の減税や廃止に躊躇《ちゅうちょ》なく取り組むべし。どれだけの人が助かることか。

オミクロン株による第6波に備えるためにも、先手先手で速やかに取り組め。菅の二の舞はいやなんでしょう、岸田さん。

「地方の眼力」なめんなよ

（2021・12・08）

嗚呼、植民地エレジー

11月30日に青森空港に緊急着陸し、駐機したままとなっていた米軍のF16戦闘機は、5日午後3時半ごろ青森空港を離陸し、三沢基地に帰還した。

この空は誰のもの

エンジンに不具合が生じたため、30日午後6時頃、ふたつの燃料タンクを投棄した後の緊急着陸。最初に発見されたタンクは、あろうことか、青森県深浦町の町役場に近い町の中心部。最寄りの住宅までわずか20メートルほどのところ。2日に発見されたもうひとつは、最初のタンク発見場所から約900メートル離れた雑木林の中。まさに重大事案。

青森放送（12月1日12時57分配信）は、関係者から上がる不安や憤りの声を伝えている。

「本当平和な町にこんな大きなことが起きるというその恐怖におびえていなきゃいけない」（深浦町民）
「安全管理をきっちりとしていただくということはきつく申し上げたいと思います」（深浦町長）
「大変遺憾なことであり三沢の米空軍に対しても防衛省に対しても厳重に抗議しようと思っていますけども詳細を承ってから行動を起こしたいと思っています」（青森県知事）

今回のトラブルのあと、安全対策の説明もなくＦ16戦闘機の飛行が再開された。

日本国憲法の上位に位置付けられる日米地位協定がある限り、植民地の空は宗主国《そうしゅこく》アメリカのもの。

デジタル植民地、ニッポン

日本農業新聞（12月7日付）に、「新型コロナウイルス禍がもたらした最大の変化は、デジタル化の急速な進展である」で始まる柴山桂太《しばやまけいた》氏（京都大大学院准教授）の論考が掲載されている。デジタル関連需要の供給大手のほとんどが米国企業であることから、「ＧＡＦＡやビッグ・テックと呼ばれる新興企業が、今や日本人の生活の命綱を握っている」とする。「以前、米国企業の情報技術の背後には、米国政府の諜報《ちょうほう》網があるとエドワード・スノーデンが告発したにもかかわらず」「米国企業が行政や学校のサービスを一手に担っている現状には誰も文句ひとつ言わない」と嘆く。

そして「公官庁まで米国企業にシステムのクラウド化を依存している日本は、今や立派なデジタル植民地」と喝破し、「深刻なのは、日本人にその問題意識がないということ」と指弾する。

前のめりのデジタル信仰

植民地のトップである岸田文雄氏は、6日に招集された臨時国会で所信表明演説を行った。「新型コロナによる危機を乗り越えた先に私が目指すのは、『新しい資本主義』の実現」であることを強調した。「新自由主義的な考えは、世界経済の成長の原動力となった半面、多くの弊害も生みました」と述べ、成長も、分配も実現する「新しい資本主義」を具体化することを宣明《せんめい》した。

その「新しい資本主義」の下での成長戦略のひとつにあげられているのが、「デジタル田園都市国家構想」。その項は「新しい資本主義の主役は地方です」で始まる。

「4・4兆円を投入し地域が抱える、人口減少、高齢化、産業空洞化などの課題を、デジタルの力を活用することによって解決していきます」と意気込む。海底ケーブルで日本を周回する「デジタル田園都市スーパーハイウェイ」を3年程度で完成させ、そのデジタル基盤上で、自動配送、ドローン宅配、遠隔医療、教育、防災、リモートワーク、スマート農業などのサービスを実装していくそうだ。ここまで来れば、デジタル信仰そのもの。明らかに、前のめりで「デジタル植民地」への道を突進している。つまずき、転倒し、致命傷を負わぬことを願うのみ。

デジタルにも絡む政商竹中

『デジタル・ファシズム　日本の資産と主権が消える』(NHK出版)の著者、堤未果《つつみみか》氏は、「サンデー毎日」(12月19日号)で、インタビューに次のように答えている。

「便利なサービスと引き換えに、私たちはさまざまな形でビッグテック(世界で支配的影響力を持つIT企業群の通称)に動かされています。消費行動を誘導され、行動履歴や購入履歴を見られ、米国のように選挙の時の投票行動にまで介入される。個人情報は知らぬ間に売買され、常に日常生活は監視されている」と注意を喚起する。

「このまま拙速にデジタル化を進めれば、本来一番に守るべき自国民が守られないまま、政府のお友達企業の利益優先がデジタルで国民から見えなくなるという、ますます歪んだシステムになってしまう。さらに、そんな日本のデジタル化にうまく入り込み、私たちの個人情報を吸い上げようとしているのが米中なのです。だからこそ、私たちは、立ち止まって世界の事例を見ながら慎重に議論しなければなりません」と、ブレーキを踏む。

そして、「岸田政権の『デジタル田園都市国家構想実現会議』のメンバーには、これまで新自由主義の旗振り役をしてきた竹中平蔵・慶應義塾大学名誉教授の名前が入っています。（中略）この人事が今後の岸田政権の方向性をよく表していると思います」と核心を突き、「焦って良いことはありません。むしろ周回遅れを〝強み〟にするくらいに開き直って、効率より一つ一つのプロセスを大事にしながら、丁寧に設計していってほしい」と訴える。

秋丸機関の教え

80年前の今日（12月8日）、わが国は対英米戦争に突入した。今朝のNHK「おはよう日本」は、1939年、陸軍上層部の指示により設けられた秘密の調査機関「陸軍省戦争経済研究班（通称、秋丸機関）」がわが国を代表する経済学者を結集させ、戦争経済という視点から詳細な調査を行っていたことを報じた。調査からは、日本と英米との間には経済的な戦力に圧倒的な格差があることが明らかとなったものの、指導者たちは正しい情報を生かすことなく、無謀ともいえる戦争を選択した。

「既に開戦不可避と考えている軍部にとっては都合の悪い結論であり、消極的和平論には耳を貸す様子もなく、大勢は無謀な戦争へと傾斜した」と、研究班を率いた秋丸次朗《あきまるじろう》氏（陸軍主計中佐）は、手記に残している。

学者らが客観的に出した結論を受け入れず、勝手な楽観論で無謀な戦争へと突き進んだ軍部の罪は計り知れなく大きい。

この秋丸機関をめぐる秘話が昔話ではないことを、学術会議の任命拒否問題が証明している。植民地、後退すれども進歩せず。

「地方の眼力」なめんなよ

（2021・12・15）

誰が為にカネはある

岸田文雄首相は14日の衆院予算委員会で、18歳以下の子どもへの計10万円相当給付を巡る政府指針について、（1）現金10万円を一括給付（2）現金5万円を2回給付（3）現金5万円、クーポン5万円分を2回に分けて給付、の3パターンの給付方法を自治体に示す方針などを固めた。

10万円給付についての各紙社説を読み解くことにする。

自治体の声を聞き、支援せよ

高知新聞（12月15日付）は、「自治体に施策の自由度が高まることは歓迎される」としたうえで、「政府の方針がこれほど定まらなければ自治体に戸惑いが広がるばかりだ。（中略）制度設計をより良いものにすると強弁しても、そのままには受け入れがたい。当初の設計と自治体との対話が不十分だったことが混乱を招いたことを認識する必要がある」とする。

「来夏には参院選が行われる。クーポンを押し通して自治体などに反発を残すより、批判を受けても変更した方が傷は浅いという見方もあるようだ」とチクリと一刺しし、「コロナ禍で傷んだ暮らしや経済を立て直す必要がある。子育て支援や経済浮揚への持続的な対策を国会でしっかり論じたい」と願いを込める。

南日本新聞（12月15日付）は、岸田首相が「さまざまな声を受け止め、より良い制度設計を行う」と強調したことを取り上げ、「『聞く力』をアピールするのはいいが、当初の計画が議論を詰めず生煮えだったのは否めない」とし、「二転三転する政府の対応に、実務を担う自治体は振り回されている。自治体の意見や要望を聴き、給付の在り方を抜本的に見直すべきだ」とする。

大阪府岬町や秋田県横手市が「不平等との声もある。新型コロナの影響で子育て世代は年収にかかわらず厳しい」として所得制限を撤廃する方針を決めたことを紹介し、「独自の財源で手当てできない自治体には国の支援が欠かせない」と訴える。

欠如した生活者視点

「そもそも選挙目当ての『ばらまき』の色彩が強く、制度設計の危うさが指摘されていた事業である。実施を目前にした今回の混乱は政府、与党が自ら招いた失態と受け止めるべきだ」と、厳しい筆致で始まるのは西日本新聞（12月14日付）。

「認識が甘過ぎたと言わざるを得ない。新型コロナ対応に追われる自治体の負担増や事務経費の膨張は事前に予想できたはずである。子育て支援策と消費喚起策を結び付けることにも違和感が拭えない。子育ては一過性の営みではない。大学卒業までにかかる支出に備えて少しでも蓄えを増やしておきたいとの考えが、子どもが幼い家庭の中にあったとしても、自然なことではないか」と畳みかけ、「総額2兆円近くに上る事業のなし崩し的な実施は許されない。予算成立前に事業の目的と見直しの理由を国会で真摯に説明し、混乱の責任も認めるべきだ。そうでなければ、肝心の国民の理解も得られまい」と追及の筆は止まらない。

「迷走の背景には生活者視点の欠如があるのではないか」として、首相に猛省を促すのは東京新聞（12月14日付）。「クーポンについて『市民は望んでいない』『現金の方が効果が高い』との声も聞かれる。現金と違い地域や使途を絞られるためだ」として、「各世帯にはそれぞれ経済的事情があり、使途を細かく制御すること自体に無理があるのではないか」と疑問を呈す。「コロナ禍における経済対策で最も重要なことは、真に助けを求めている人々に素早く公平に支援が行き届くことだ。そのことはコロナ禍以降、次々と対策を実施する中で学んできたはずだ。給付の制度設計に欠けていた『暮らしを助ける』という視点をいま一度確認する必要がある」と提言する。

カネならある

人びとの暮らしが脅かされ続けている沖縄の二紙の指摘は重い。

琉球新報（12月14日付）は、「自治体の判断で地域の実情に応じて10万円の現金給付を選択肢の一つに加える」ことを「合理的な選択」としたうえで、「本来なら教育無償化を含む教育費の増額を実現すべきだ」と重要な論点で迫る。

全国でクーポン分の現金給付を望む声が相次いでいるが、沖縄県においても同様の動きがある。

石垣市長は「離島ゆえに高校卒業後、ほとんどの子どもが島外へ出る地域実情があり、転居費用など他地域より子どもにお金がかかる」という理由から、現金で給付することを発表した。南城市長、豊見城市長、八重瀬町長が全額現金が望ましいとの考えを示していることも伝えている。

さらに、「経済協力開発機構（ＯＥＣＤ）によると、２０１８年の国内総生産（ＧＤＰ）に占める、小学校から大学に相当する教育機関への公的支出の割合は、日本が前年より０・１ポイント減の２・８％で、比較可能な37カ国のうちアイルランドとともに最低だった。最高だったノルウェー（６・４％）の半分以下だ。加盟国平均は４・１％。少なくとも加盟国の平均の水準に達するよう、教育予算を増額すべきだ」と訴える。

課題となる財源については、「22年度から５年間の在日米軍駐留経費の日本側負担（思いやり予算）は、現行より約１００億円増の１年当たり２１００億円超にする。防衛省は22年度予算の概算要求を過去最大規模の５兆４７９７億円としている。県民の多くが反対する辺野古新基地建設にかかる費用は、県の試算で２兆５５００億円」であることから、「膨らみ続ける防衛費を教育費に回し誰もが高等教育を受けられるよう教育無償化を進めるべきだ」と冷静に提言し、「子どもは教育を受ける権利があり、教育環境を整えるのは国の義務だ」と迫る。

沖縄タイムス（12月９日付）は、「受け取る側からすれば、必要な支出に柔軟に対応できるのは、やはり現金である」ともっともな心情を語り、「子どもの貧困率は、ひとり親世帯では約半数に達している。さらに母子世帯の４割近くは貯蓄がない。コロナ禍で厳しさが増しているからこそ、現金による直接的支援が果たす役割は大きい」とする。

「政府は制度設計が不十分だったことを反省した上で、住民の声に寄り添う自治体の積極的な対応を後押しすべきだ」と強調し、「現場をよく知る自治体との連携を密」にして、「重要なのは必要な人へ、必要な支援を、速やかに届けることだ」と訴える。

生活困窮者への「思いやり予算」はないのか

２０２１年の世相を１字で表す「今年の漢字」は「金」。「キン」と読むそうだが、冗談じゃない。「カネ」と読め。

今朝（15日）の「ＮＨＫおはよう日本」は、東京のＮＰＯによる「炊き出し」を紹介し、食事に事欠く人の急増を報じた。「炊き出しに並ぶ人が増え続ける中、民間の団体で対応するのはもはや限界に来ている」とは、ＮＰＯの関係者。民間の善意に頼り、「限界」までやらせた政治の不作為は許せない。「思いやり予算」は、生活困窮者のために使うべし。

「地方の眼力」なめんなよ

生乳５０００トンが果たすべき役割

（２０２１・12・22）

今日（22日）は一年で最も昼が短い冬至。今日を境に昼が長くなる。しかし、われわれを取り巻く状況は、当分の間、長い夜。

「農」への国民の関心をいかにして高めるか

昨日（21日）、臨時国会が閉幕した。会期はわずか16日間。そして、長い冬休み。冬眠でないことを願っている。

日本農業新聞（12月22日付）は「首相が掲げる『新しい資本主義』や『デジタル田園都市国家構想』の具体像や政策が焦点となったが、農業・農村政策をどう位置付けるかの言及は乏しかった。論戦の舞台は来年1月招集の通常国会に移る」とする。

その年明け国会において、「農水省は『みどりの食料システム戦略』や農産物輸出、人・農地施策の推進に向けた法案を提出する方針」で、その審議動向も焦点となることを伝えている。

残念ながら、国民の「農」への関心は高まらない。当然、一票にしか興味を持たない議員も「農」に関心を寄せることはない。その流れに乗って、一般商業紙や各種メディアも取り上げない。

「農」に関する諸施策の前に、「農」そのものへの国民の関心を高めるためにJAグループは何をすべきか、組合員と役職員は真剣に考えねばならない。

酪農家の悲鳴

年末年始に向けて生乳が供給過多に陥り、約5000t（牛乳1リットルパック約500万本）を廃棄せざるを得ない恐れが出てきている。2014年ごろのバター不足以降、酪農業界は生産基盤を増強してきた。しかし、今夏は涼しい気候で乳牛の成育環境が良く、生乳の生産量が増加した。一方、この先は冬休みで学校給食の需要がなくなることに加えて、コロナ禍が追い打ちをかけている。酪農家からは悲鳴が上がり、業界団体などは牛乳や乳製品の消費を呼び掛けている。

東京新聞（12月21日付）は、「乳牛は毎日十分に搾乳しなければ病気になり、死に至ることもあるため、コントロールは難しい」としたうえで、生産者の声を紹介している。

千葉県八千代市《やちよし》の酪農家は、「生産者として廃棄は悲しい。（中略）牛の乳房は水道の蛇口ではなく、簡単にはいかない」と嘆き、「牛の餌になる米国からの輸入飼料も輸送コストがかさみ、夏から3割以上値上がりしている。ダブルパンチで、周囲では廃業を検討する人もいる」と訴える。

南房総市《みなみぼうそうし》の酪農家によれば、「生産調整で牛を減らすと、戻すのに数年かかる。減らしすぎると、またバター不足みたいなことが起きる」とのこと。

農水省や業界団体のJミルクは「一日もう一杯牛乳を飲んで」とPRするほか、加工品製造のフル稼働を促している。金子原二郎《かねこげんじろう》農水相と2人の副大臣が会見の場で、飲むヨーグルトを飲み干すパフォーマンスを見せたことも伝えている（正直、政治家のやるこの手のパフォーマンスは、見ていて恥ずかしい。効果はゼロ）。

茨城県小美玉《おみたま》市で開かれたイベントにおいて、主催者の小美玉ふるさと食品公社は、消費拡大で間接的に酪農業界を支えようと急きょ、ヨーグルト1200人分の試食を提供したそうだ。

最後に、向笠智恵子《むかさちえこ》氏（フードジャーナリスト）が、料理への利用に加えて、「生産者に思いを巡らすような情報提供が必要。子どものころから給食だけでなく牛乳になじむような取り組みを考えてほしい」と、国や業界団体に注文を付けたことも紹介している。

必要なものを必要な形で必要な人に

向笠氏が言う「生産者に思いを巡らすような情報提供」の具体的在り方についてのヒントを教えているのが、河北新報（12月21日付）の社説。

今夏、国立成育医療研究センター（東京）などによる、新型コロナウイルスの感染拡大が子どもの食事に与えた影響調査は、「保護者が食材を選んで買う経済的余裕がなくなり、バランスに配慮した食事ができなくなる子どもが世帯収入の少ない家庭で多い」ことを明らかにした。

この指摘に注目し、「生鮮品が必要な家庭で得られる仕組みはできないだろうか」と考え、「学校休校時に給食食材を無駄にしないために家庭に分配したケース」から、「この枠組みの中で、コロナで生産過剰になってしまった生鮮品を安価に流通させることはできないか。生産者への新商品開発の助成制度などと併せる形で、生産過剰になったものを半調理加工するなどし、子ども食堂などを通じて廉価で提供するような仕組みはどうだろう」と提案している。締めは、「18歳以下の子どもへの10万円分の給付も重要だが、必要なものが必要な形で必要な子どもに届く、行政の目配りも求められている」とする。

「生産者への思いを巡らすような情報提供」を行うためには、このような取り組みに生産者とJAグループが主体的に関わっていくことが不可欠である。そして、前回取り上げた、炊き出しを求める人たちに象徴される「生活困窮者」への食料支援に至急取り組むことが検討されねばならない。

前述の牛乳や乳製品なら、すぐにでも配ることができるはず。多くの困窮者と酪農家、そして乳牛が救われる。

「農」の世界を穢す人

毎日新聞（12月21日付）によれば、大臣在任中に現金計500万円を受け取ったとして収賄罪に問われた元農水相の吉川貴盛被告は20日、東京地裁での被告人質問で、大手鶏卵生産会社「アキタフーズ」グループの秋田善祺元代表＝贈賄罪などで有罪確定＝から提供された現金について「政治活動を助けるという純粋な気持ちだと思った」と述べ、改めて賄賂性を否定した。

授受の場面を問われた吉川氏は、いずれも「申し訳ないが実は覚えていない」「記憶が定かではない」などと答えた。ただ、大臣就任前後にも盆暮れのあいさつとして現金を受け取っていたとし、「秋田さんがおっしゃるならば私もそう思う」と現金の受領は認めた。現金授受後、養鶏業者と農水省、国会議員の3者による異例の緊急陳情会議が開かれたなどとする検察の主張に対し、吉川氏は「3者での会議は四六時中行われている。特別なことをした認識は全くない」と述べ、便宜を図ったことを否定した。

政治家の常套句《じょうとうく》、「記憶にございません」の連発のようだが、お金を出した方は賄賂として何度となく渡している。

「魚心あれば水心」という言葉を思い出すのは当コラムだけだろうか。穢《けが》しすぎた晩節は、元にはもうケ・エ・ラ・ン。「農」の世界の穢れを払しょくしない限り、国民の理解は得られない。そして、「長い夜」も明けることはない。「地方の眼力」なめんなよ

地方議会と直接民主主義

（2022・01・05）

「今、痛切に思うのは、議会制民主主義の限界、ということです。それを補完する直接民主主義を豊かに発展させるということについて深く考え、そして実践してまいりたいと考えます」（昨年の衆院選後、敬愛する研究者から送られてきた私信より）。

市民と政治をつなぐ民主主義の力

「民主政治とは本来、為政者が少数者の意見にも耳を傾け、議論を通じて合意を作り上げる営みだ」とする毎日新聞（1月1日付）の社説は、「安倍晋三・菅義偉両政権下で異論を排除する動きが強まり、国民の分断が深まった」とし、「『数の力』にものを言わせる政治と、市民との距離が広がっている」ことを危惧する。

議会制民主主義が「議員を介する分、人々の声が十分に政治に反映されにくいという問題も抱えている」ことを指摘

し、フランスで「くじ引きで選ばれた国民が気候政策を討議し、149本の提言をまとめた」ことなど、世界的に「市民による政治参加の動きが近年、活発になっている」ことを評価する。

市民参加の活動に詳しい吉田徹《よしだとおる》氏（同志社大教授）の「代議制民主主義の足りないところを補完し合う関係が望ましい」というコメントの後、「人々が声を上げ、政治がその多様な意見を吸い上げる。市民と政治をつなぐ民主主義の力が試されている」と締める。

キーワードは対話

西日本新聞（1月3日付）の社説は、「地域社会の変化に合わせ、暮らしに関わる施策を練り直すときこそ、住民参加の真価が問われる」とし、2014年度から取り組まれている福岡県大刀洗町《たちあらいまち》の「自分ごと化会議」を紹介している。

21年度は、住民基本台帳から無作為に500人を抽出し、うち参加希望者24人が委員に選任され、ごみの減量策を検討し、町への提言をまとめることになっている。

「普通の住民」の声に耳を傾けることで、「行政目線では気付かないことに気付くことができる」（中山哲志《なかやまてつし》町長）とのこと。

また社説子は、「たまたま選ばれた人たちが対話をしながら、身近な公共課題を自分のことと受け止め、行動を起こす。この小さな積み重ねは住民自治を確かにする」ことを、もう一つの「大切な意義」としている。

井戸端会議的対話が求められる背景に、「右肩上がりの時代が去り、初めて直面する地域の課題に過去の経験が通用しなくなったこと」をあげ、「国も自治体も解決の答えを持たない。ならば、多様な住民で話し合って最適解を見いだすしかない。そんな意識が少しずつ広がっているように見える」と評価する。

そして「対話は政治と有権者の距離も縮める。住民との意見交換を政策作りに生かす議会もある。定着すれば選挙の投票率に変化が生じるかもしれない。話しやすい環境は安心感を生む。他者を尊重する対話の文化が根差すと、地域の住みよさは高まるに違いない」と、期待を寄せている。

地方の再生と自治体の主体性

「長い時間をかけて出来上がった東京一極集中である。簡単には止められない」としつつも、「人が住まなくなった荒れ野をこれ以上広げないためには、ここで踏ん張りたい。是が非でも地方の再生を実現させなければならない」とするのは、山陽新聞（1月1日付）の社説。

「流れを止めるためには地方に新たな魅力が必要なのだが、国の地方振興策は、膨大な経費をつぎ込んできたにもかかわらず成果が乏しい。成功モデルを全国に広げる『横展開』方式に限界も見える」とし、「各地で『金太郎あめ』のような没個性の開発が進み、多くのシャッター街を生んだ。不相応の施設を抱え、維持費に苦しむ地域も多い」とする。そして、「街づくりをもっと地方に任せるべきではないか。地方も国が示すメニューを待つのでなく、他地域にない街づくりの旗を掲げるべきだ。国には使い道を限定しない補助金を用意してもらいたい」と訴える。

コロナ禍で傷ついた「地方の経済を再生し、衰退に歯止めをかけなければ、未来の安心な暮らしは描けない」とする中国新聞（1月3日付）の社説は、「地方創生では、地方自治体に計画を作らせ、国が認めた事業に充てる交付金を配ってきた。こうした補助金行政が、政策立案における地方自治体の自主性を損なった面も否めない。（中略）中央と地方の上下関係をただし、地方自治体が主体となって地域の実情に合わせた政策をとれるようにする必要がある」ことを強調する。

これでいいのか地方議会

NHKおはよう日本（1月4日、7時台）では、「住民の関心が低い」「議員のなり手不足」「地域のニーズ・課題が多様化複雑化」などの課題に直面している地方議会の改革に取り組む、茨城県取手市と徳島県那賀町《なかちょう》が紹介された。

注目したのは、徳島県那賀町（人口約7700人、議員数14人）の取り組み。2014年6月の定例会より、採決前の全員協議会において、議員間の自由討議を導入し、議案の他さまざまな課題について闊達《かったつ》な議論を行い、合意形成に努めている。

「本音が出ますよっい。こういう会でなければ言えませんよ。本会議で〝これおかしいではないか〟となかなか言葉に出して言いにくい」とは議員のコメント。

町議会では住民の要望を政策に反映させる取り組みも模索していた。「那賀町議会における議会改革のあゆみ《ダイジェスト版》住民から信頼される議会を目指して」（2020年9月徳島県那賀町議会）によれば、14年12月より町内の各種団体等との意見交換会を行った。翌15年9月定例会において「車座会議実施要綱」を制定し、意見交換会の名称を「那賀町議会車座会議」とした。そして、16年6月に実施した地区コミュニティー推進協議会を皮切りに、地域住民との車座会議も実施されることとなった。

同会議で出た意見などを踏まえて町議会議員が条例案を立案し、7本の条例が制定されている。

那賀町議会の議会改革特別委・委員長は「何をやっているか分からないという評価をされ続けているままでは悔しい。成果が上げられるものがどれだけつくれるのか。それがしっかりと町民に伝わるようなアナウンスもできるか、一番大きなポイント」と語っている。

キャスターに、「全国的にはどうなんです?」と問われた記者は、「この二つの議会は先進的なケースとされている。専門家は地方議会がより住民に近い存在になって、必要なものだと感じてもらうには、さらに改革が必要と指摘している」と答えた。

ということは、ほとんどの地方議会は、まともに住民の声や叫びに耳を傾けていないのか。いったい、これまで、誰の声を聞いてきたのか。何が地方自治だ。批判しましょう。憤りましょう。怒りましょう。そこからはじめて「自治」が芽生える。

「地方の眼力」なめんなよ

オミクロン株と日米地位協定

（2022・01・12）

「県民が一番願ったことは憲法で保障された人権が守られる、基地のない平和な沖縄だ。しかし、復帰運動の根幹にあった県民の願いは今も実現していない」と語るのは赤嶺政賢《あかみねせいけん》氏（衆院議員）（毎日新聞1月12日付）。

医療崩壊の危機に直面する沖縄県

共同通信（1月11日20時30分配信）によれば、沖縄県は11日、新型コロナウイルス感染や濃厚接触者の認定を受けたなどの理由により欠勤した医師や看護師らが503人に上り、過去最多になったと発表した。県内の新規感染者は急増し、15の医療機関で救急患者の受け付けを制限するなど影響が広がっている。（中略）県担当者は「今回の医療ひっ迫の要因として医療者の欠勤の影響が大きい」と指摘した。また、県内の感染は若い世代から他の年代にも広がりつつあり、入院者数が増加しており、担当者は「他の自治体でも同様の事態が想定される」と語っている。

琉球新報（1月12日付）によれば、沖縄県内の各医療機関では受診する人が殺到し、予約が取りづらい状況が発生している。

例えば、会社員の30代女性（本島中部）は風邪のような症状が出たため、県のコールセンターに相談したうえで連休明けの11日、医療機関を受診しようと約10カ所に100回ほど電話をかけ、やっと近隣市町村にある医療機関の予約が取れたそうだ。ただし、検査結果が分かるのは13日以降。「ただの風邪かもしれないが、コロナか何か分からない中で過ごさないといけない。他にも受診できない人がいるのでは」と、女性は不安げに語ったとのこと。

オミクロン株は重症化しにくいといわれているものの、その感染力は強く、すでに「感染者の急拡大によって県民のあらゆる社会生活にも影を落としている」ことを伝えている。

米軍基地はザルか

東京新聞（1月6日付）は1面で、「沖縄県では、米海兵隊キャンプ・ハンセン（同県金武《きん》町など）でのクラスター（感染者集団）発生を踏まえ『米軍が要因となったのは間違いない』（玉城《たまき》デニー知事）との不満が出ている」ことを伝えている。

米軍関係者が基地外に出て飲食する姿が見られ、複数の飲酒運転も複数発覚したことから、玉城知事は「米軍の感染拡大防止対策と管理体制が不十分。激しい怒りを覚える」と非難。山口県の村岡嗣政《むらおかつぐまさ》知事も、「（県内の）感染拡大（の要因）は岩国基地関係者の可能性が高い」と指摘したことを報じている。

在日米軍基地を通じて入国する部隊の検疫は、米軍の特権的地位を定めた日米地位協定などを根拠とし、米軍に委ねられていることから、玉城知事は2日の記者会見で「十分な感染予防の情報提供もままならない状況をつくり出しているのは、日米地位協定の構造的な問題」と批判。地位協定見直しの必要性を強調したことも伝えている。

日米地位協定見直しは日本全体の問題

政府は、7日に沖縄、山口、広島の3県に、まん延防止等重点措置を適用することを決定。期間は9日から1月末日まで。

「米軍のコロナ対策　やはり基地封鎖しかない」とタイトルに掲げるのは琉球新報（1月8日付）の社説。前述の玉城知事と村岡知事の発言に加えて、厚生労働省専門家組織の脇田隆字《わきたたかじ》座長が、沖縄、山口、広島3県の感染拡大は米軍基地と「何らかの関連の可能性はあるだろう」との見方を示していることを紹介する。

そのうえで、「今後の感染症対策のためにも、検疫法を米軍関係者にも適用できるよう日米地位協定を見直す必要がある」とする。

ただし、岸田文雄首相が「（現時点で）感染ルートを断定するのは難しい」と述べ、地位協定の見直しも否定しているため、「韓国では、米軍関係者の入国後の隔離終了時に韓国側が検査を実施している」ことを紹介し、「基地からの外出規制は、陰性証明のチェックなどを日本側が実施しなければ実効性は確保できない」ことを強調する。

「駐留国の国民の安全を顧みない『穴の開いたバケツ』と揶揄《やゆ》される米軍基地では、兵士の感染防止もできず、軍隊の即応性自体、維持できないのではないか」と追及の手を緩めない。

そして「今後のゲノム解析などで、今回の全国の爆発的感染拡大の原因が米軍基地だったと解明されれば、政府はその責を負わなければならない」と正論を突きつけ、「政府はまず、当面の外出禁止措置を取らせた上で、地位協定の見直しに着手すべきだ」と訴える。なぜなら、「感染症の基地リスクは、基地周辺にとどまらず日本全体に及ぶ。地位協定見直しは日本全体の問題」だから。

自分事として考える

中国新聞（1月8日付）の社説は、在日米軍を水際作戦の「抜け穴」に位置付け、「これでは感染拡大は防げまい。（中略）沖縄県は先月、感染対策の徹底を申し入れたが、政府がようやく動いたのは半月後の、おとといだった。林芳《はやしよし》正《まさ》外相が米国務長官に外出制限を含む感染防止策の強化を要請したが、遅きに失した。再発を防ぐには、米軍に特権的地位を与えている日米地位協定の見直しが欠かせない」ことを訴える。

秋田魁新報（1月8日付）の社説も、「米兵らはなぜ、すり抜けられたのか」と疑問を呈し、すぐに「その背景にあるのが、米軍の特権的な地位を定めた日米地位協定だ。（中略）地位協定が『壁』となって、基地の感染対策は米軍任せの仕組みになっているということだ。米軍は対策の強化を打ち出しているが、どこまで有効かは疑わしい」とする。そして、「日本国民と米兵らの健康を守るには、両国政府が一体となって米軍基地の感染対策を万全なものにすることが不可欠だ。（中略）日米地位協定の見直しも視野に入れ、日本による検疫や感染対策が及ぶ仕組みを構築することも考えるべきだ。（中略）基地外に感染を広げる穴だらけの対策であっていいはずはない」とする。

先手先手、何もせんて？

松野《まつの》博一《ひろかず》官房長官は11日の記者会見で、国内での新型コロナウイルス感染拡大の原因が在日米軍にあるのではないかと改めて問われ「その一つである可能性があると考えている」とやっと認めた。自民党の茂木敏充幹事長も「基地関係者との関係で（国内の）感染が拡大したというのは否定できない」と指摘した。おっせぃ、おっせぃ、おっせぃわ！

ところで、11日の夜から12日朝7時台までのＮＨＫニュースでこのことは報じられていない。誰にとって不都合な真実なのか。

先手とは、今後起こるべき悲観的事態を想定し、あらかじめ講じておく対策。タブーがあっては、有効な対策は打てない。

仮定の質問には答えられない連中に、後手や誤手はあっても先手無し。泣きを見るのは牙を抜かれた国民ですけど、いいのかな。

「地方の眼力」なめんなよ

（２０２２・01・19）

１票のカルサ

「まずは成長戦略。第一の柱はデジタルを活用した地方の活性化です。新しい資本主義の主役は地方です。デジタル田園都市国家構想を強力に推進し、地域の課題解決とともに、地方から全国へと、ボトムアップでの成長を実現していきます」（1月17日の岸田首相施政方針演説）。

求む！地方を尊重する国家構想

施政方針演説が行われる日の朝刊で、「デジタル田園都市　首相は構想の具体像語れ」と、機先を制したのは西日本新聞（1月17日付）の社説。

「岸田文雄首相が掲げる『デジタル田園都市国家構想』とは何か。実現すると、地方の私たちの暮らしはどう変わるのか。新内閣の発足から100日が経過し、5兆円を超える関連予算が計上されても、この構想を貫く理念や具体像は判然としない。デジタル化の手段ばかりが先行している印象も強い」で始まり、『国家構想』と称する以上、首相がまず国民に示すべきは予算の使い道ではない。明確な国の将来像である」と、正鵠《せいこく》を射る。

具体例をあげて「デジタル技術が都市や農山村に恩恵をもたらすのは確かだ」と、その必要性は認めたうえで、「ただそれだけで地方が直面する課題が片付くわけではない。大事なのは自治体がデジタルの基盤や人材をどう生かすかだ」と課題を提起する。

「田園都市構想というのは、地域の個性を生かして、みずみずしい住民生活を築いていこうとするものであり、基礎自治体の自主性を極力尊重していこうとするものである」という、故大平正芳《おおひらまさよし》氏が提唱した田園都市国家構想を岸田構想の原点と位置付け、「地方を尊重する国家構想」を岸田首相に求めている。

もちろん大平氏が存命だったとしても、この国家構想の実現に向けて動き出したかどうかは疑わしい。明らかなことは、この国が大平構想とは真逆の道を突き進んでいることだけである。

適疎推進課の創設

地方を軽んじる国づくりが進む中、凛とした姿勢で地域づくりを進める自治体もある。

毎日新聞（1月15日付）の社説が取り上げるのは、大雪山系のふもとにある北海道東川《ひがしかわ》町。鉄道も国道もないが、積極的に移住者を受け入れた結果、人口がここ20年間で1割以上増えて約8400人になった。

「わが町の人口はせいぜい1万人が限度。過疎は困るが、ほどほどにまばらな『適疎』がいい」とは、松岡市郎《まつおかいちろう》町長の持論。1月から「適疎推進課」を設けるまでになっている。

「四季の風景が美しい『写真の町』をコンセプトに、移住し、暮らしやすい地域づくりに取り組んだ。子育て支援、景観条例による美観の維持、全国唯一の町立日本語学校を設立しての留学生受け入れ…」が功を奏し、転入者が住民の過半数を占めるようになった。

社説子はそれらから、「外的要因に大きく左右されるインバウンドを地域再生の主柱に据えるような人口対策には、無理があったと言わざるを得ない」と、これまでの政策に苦言を呈する。

さらに、岸田首相の「デジタル田園都市国家構想」を俎上にあげ、「デジタル化を進めるだけで地方の『田園』が維持され、にぎわいが戻るわけではない」「『デジタル』は手段に過ぎない」とし、「地方創生で軽視されがちだった住みやすさや、共同体を維持するための努力がもっと尊重されるべきだろう」と、力点の置き方の修正を求める。

誰のための10増10減か

地方といえば、衆院10増10減を巡ってなにやら騒々しい。

細田博之《ほそだひろゆき》衆院議長が2021年12月20日、自民党議員の政治資金パーティーで、「最近はどんどん地方の政治家を減らすようなことを言っているが、数式によって地方の政治家を減らし、東京や神奈川を増やすだけが能ではない」と、衆院小選挙区定数の「10増10減」を批判したことが発端。

これに触発されてか、自民党の二階俊博氏は1月10日の和歌山放送ラジオ番組で、同案で和歌山県の定数が1減となるのを踏まえ「腹立たしい。こんなことが許されるのか。地方にとっては迷惑な話だ」「地方がこれから栄えるよう取り組む。何の遠慮もない」と語り、反対していく姿勢を示した。

この長老二人の発言には怒りを禁じ得ない。そもそも、あんたたちが決めたことでしょ。どの口が言う。

愛媛新聞（1月16日付）の社説も二人の異論に対して、「地方の声が届きにくくなるとの懸念は削減対象の愛媛の有権者にも切実だが、党利党略は持ち込むべきでない。その場しのぎでない議論を求めたい」とする。

定数見直しは2016年に成立した衆院選挙制度改革関連法によるが、この「関連法は自民党などの賛成で成立した。党利党略で後戻りさせようというのであれば、広く理解されるとは思いにくい」と、くぎを刺す。

そして、「東京一極集中の流れが大きく変わらない以上、大都市の定数拡大と地方の縮小は今後も繰り返されるおそれがあり、懸念されるのは確かだ。であれば、一極集中や地方衰退を止めるのもまた政治の責務のはずだ」と急所を衝き、「法の下の平等を実現しながら地方の声を反映できる選挙制度について、幅広い観点から議論する」ことを求めている。

格差是正のために地方移住をお勧めします

2021年6月30日付の当コラム「誰が国土の叫びを代弁するのか」では、院生時代にお世話になった老酪農家の「単に人間の頭数だけで国会議員の数を決めるのは間違っている。地方選出の国会議員は、われわれの声だけではなくて、われわれが守っているこの国土の声を届けるのも仕事だよ」と、語ってくれたことを用いて、「国土の代弁者たる地方選出の議員定数を、増やしても、絶対に減らすべきではない」と訴えた。

人間の頭数しか眼中にない「アダムズ方式」には、国土の叫びは反映されない。この方式には人間の思い上がりが凝縮されている。

冷静に考えてみると、1票の格差が取りざたされている割には、1票の価値が相対的に高い地方に、1票の価値の高さを求めて都市部から移住した、という話は聞いたことがない。利便性や社会的インフラの充実よりも、1票の価値に重きを置かれている都市住民の方々には、地方移住をお勧めしたい。

「そこまでして1票の価値の高さを求めない」とすれば、あなたたちの1票はオモイのほかカルイ。

「地方の眼力」なめんなよ

（2022・01・26）

維新が振る新自由主義の旗

昨年の衆院選で大躍進した日本維新の会（以下、維新と略）の勢いは、今のところ衰えていない。

ヒトラーの大衆扇動術とは

東京新聞（1月26日付）の記事「『ヒトラー』投稿　抗議文提出へ　維新が立民に」の登場人物は、「（ナチス・ドイツの）ヒトラーを思い起こす」（菅直人《かんなおと》・元首相）

「どんな状況であろうと言ってはいけない一言。ヘイトスピーチではないか。党としての考え方をしっかり説明して欲しい」
（松井《まつい》一郎《いちろう》・維新代表）
「基本的には菅氏の個人的な発言だ。党として特段（対応は）必要はない」（逢坂誠二《おおさかせいじ》・立憲民主党代表代行）

と、発言している。

立川談四楼《たてかわだんしろう》氏（落語家）はツイッター（1月25日付）で、10項目に要約された「ヒトラーの大衆扇動術」を紹介している。

「共通の敵を作り大衆を団結させよ」「敵の悪を拡大して伝え大衆を怒らせろ」「大衆を熱狂させたまま置け。考える間を与えるな」「利口な人の理性ではなく、愚か者の感情に訴えろ」「貧乏な者、病んでいる者、困窮している者ほど騙しやすい」「都合の悪い情報は一切与えるな。都合の良い情報は拡大して伝えよ」等々。

確かに、ためになった。今後、このような手口で迫られることがあったら、その手口「シットラー」と、言うことにしよう。

維新と読売新聞のホットな関係ホットけない

ところで維新の副代表で、大阪維新の会の代表でもある吉村洋文氏が知事を務める大阪府は、２０２１年12月27日、読売新聞大阪本社と、教育・人材育成、情報発信、安全・安心、子ども・福祉、地域活性化、産業振興・雇用、健康、環境の8分野にわたる連携と協働に関する包括連携協定を締結した。

知事は「今回は新聞社との初めての協定となるが、協定書に明記しているとおり、取材・報道活動とは切り離したものであり、社会課題の解決・大阪の活性化に向け、協働して取り組んでいきたい」と発言。本協定に基づき読売新聞大阪本社と連携し、さまざまな公民連携の取り組みを推進するとのこと。

もちろんこれについて、メディア関係者からの批判は多い。

『サンデー毎日』（2月6日号）で、倉重篤郎氏（毎日新聞専門編集委員）は「メディアとしてはありうべからざる協定である。取材対象の行政権力をチェックする立場の報道機関が、自らの手を縛りかねない」と危機感を募らせ、望月《もちづき》衣塑子《いそこ》氏（東京新聞記者）も「協定が悪しき前例となり全国に波及すれば現場の記者は間違いなく萎縮していく」と、不安を隠せない。

安倍政権以降、読売新聞はもとよりＮＨＫが、政府の広報機関と化していることに、怒りを通り越してやや諦観《ていかん》気味の者としては、さほど驚かなかったが、「ヒトラーやナチス」の再来となれば話は別。まさに緊急事態宣言が発令されるべきだろう。

それでも、イシン・ヤクシン

東京新聞（1月24日付）が伝える、共同通信全国世論調査（1月22、23日実施。有効回答１０５９）の詳報によれば、維新の政党支持率は12・5％。自民党の44・2％、立憲民主党の13・1％に次ぐ第3位。他の党は5％未満、支持政党なしは14・3％。

今夏の参院選における比例代表の投票予定政党でも、自民党38・3％、立憲民主党15・3％、そして維新13・5％で第3位。ここでも、他の党は5％未満、分からない・無回答は18・2％。

共同通信の調査結果以上に、維新の勢いを示したのが毎日新聞の世論調査（同紙と社会調査研究センターが1月22日に実施。有効回答者数１０６１人）である。

維新の政党支持率は18％で、自民党30％に次ぐ第2位。立憲民主党は9％の第3位。他の党は5％未満、支持政党なしは25％。

今夏の参院選における比例代表の投票予定政党でも、維新は21％で、自民党27％に僅差の第2位。これに立憲民主党11％、共産党5％が続く。その他の党は5％未満、分からないは22％。

大阪府や関西が根城ではあるが、この勢いが続くならばの話だが、参院選でも全国的に躍進するはず。候補者には事欠かない。なぜなら、職業としての議員は経済的にも社会的にも魅力的だからだ。特に参議院議員は6年間身分が保障されている。経歴に箔がつき、1期で辞めたとしても、再就職の選択肢は広がっている。身を切る改革といっても、手近な公務員を切ることが中心で、自分たちの身を切ることはないからなおさら、良い職場にありつける、と考える人間は少なくない。

問題は、維新の躍進は、農業や農村、そして地方にとって歓迎すべきものなのか、ということである。答えはNO！

古色蒼然とした新自由主義の旗

先に取り上げた『サンデー毎日』（2月6日号）で、維新の共同代表である馬場伸幸《ばばのぶゆき》氏は、倉重篤郎氏の「岸田文雄政権評価は？」と問われて、次のように答えている。

「何をしたいのかわからない。特に『新しい資本主義』だ。（中略）日本経済を成長させるなら規制に縛られている分野を開放するしかない。ブラックボックスに入っている分野、産業のふたを開け、さあ皆さんこの中で競争してください、と」「すでにやってきた、というが、不十分だ。兵庫県養父《やぶ》市でやっているように農地を企業に売れるようにする。企業が農業を営む。そこで働く人たちは会社員になり、雇用が生まれ安定的な生活が営める。首都圏への人口集中もなくなる。農業だけでなく、あらゆる分野にまだまだ規制改革の余地がある」と、古色蒼然《こしょくそうぜん》とした新自由主義の旗を振っている。

1月25日の衆院予算委員会において、維新の足立康史《あだちやすし》氏は、企業による農地取得を特例的に認めた兵庫県養父市の問題を取り上げ、「せっかく規制改革というドリルで開けた岩盤の穴が、自民党の反対で全国展開していない」と主張し、岸田首相に規制改革の推進を強く迫った。

日本農業新聞（1月26日付）は足立氏の質疑を取り上げる記事で、「養父市での企業による農地取得の実績は6社で約1・6ヘクタールと低調で、6社は営農面積のほとんどを借りて利用している。本紙の政党アンケートでは、全国展開を主張するのは維新だけで、大半の党が全国展開に否定的な考えを示している」ことを報じている。

前述の大衆扇動術の最初に「大衆は愚か者である」と記されている。誰が愚か者であるかは明らかである。

「地方の眼力」なめんなよ

（2022・02・02）

注目すべき福島県農民連の発電事業

「廃棄なら6000万円だが　アベノマスク配送10億円か」の見出しは西日本新聞（2月2日付）。国の委託を受けた民間業者が3月から順次配送するとのこと。マスクは無料でも、配送料は受益者負担、でなきゃ「事故」責任としてABE払いかな。

どこを分析しての原発再稼働だ

1月30日、福島県の郡山地方農民連総会において今年はじめての講演。安倍・菅・岸田も俎上にあげ、もちろん舌好調。

新幹線内で見た雑誌『Wedge』の表紙に「政府指示で原発再稼働を」という見出しあり。福島に行くものとしては、手に取り、目を通さねばならない代物。

石川和男《いしかわかずお》氏（政策アナリスト）による「規制委に全てを委ねる姿勢やめ　政府指示で原発再稼働を」という小論。「原発再稼働が遅々として進まない」ことにいらだつ氏は、「これまで、国民の長寿化や健康増進をもたらし、戦後日本の高度経済成長を支えた大きな要因の一つには、電力の安定供給があった。そして、それを支えたのは、火力と原子力など『大量・安価・安定』電源であった」と言う。

にもかかわらず、２０２１年12月末時点で54基中９基しか稼働していない。その大きな要因のひとつに「東京電力福島第一原発事故後に新設された原子力規制委員会（規制委）による『世界一厳格な規制』という無意味な手続きの壁」をあげ、「規制委の行政手法は、結果として、原発を『動かす』ためではなく、『動かさない（責任回避）』ためのものでしかない」と指弾する。

「日本の立国に原発は不可欠」とする立場から、「危機を克服した米国に倣い、原子力の真の『安全文化』を創りあげるとともに、脱炭素の潮流だからこそ、低廉かつ安定し、二酸化炭素（ＣＯ２）を排出しない既存の原発を活用していくべきだ」と主張する。

そして、「政権与党の『指示（要請）』による原発の『暫定再稼働』を今こそ実行すべきだ。暫定稼働させ、その間に本格稼働に向けた体制を整備」せよと力説する。

この小論では、福島第一原発事故でたった今もふるさとに戻ることのできない人々や、形容しがたい気持ちを引きずりながらも、復興に向かって日々の生活を送っている人々のことにはまったく触れていない。原発がもたらした、終わりの見えない災禍を無視し、ただただ、崩れ去った安全神話に今もすがりつき、再稼働を訴えているだけである。

あってはならない原発再稼働

2014年、関西電力大飯《おおい》原発（福井県おおい町）の運転差し止め判決を出した樋口英明《ひぐちひであき》氏（元福井地裁裁判長）は、福島原発事故から10年たった2021年に『私が原発を止めた理由』（旬報社）を出版した。

その「はじめに」で、原発の運転が許されない理由を、シンプルかつシャープな言葉で列挙している。

第1　原発事故のもたらす被害は極めて甚大。
第2　それゆえに原発には高度の安全性が求められている。
第3　地震大国日本において原発に高度の安全性があるということは、原発に高度の耐震性があるということにほかならない。
第4　我が国の原発の耐震性は極めて低い。
第5　よって、原発の運転は許されない。

そして、事故が発生する前には、「原発は絶対に安全だ」と言っていた原発推進派が、事故後には「世の中に絶対安全などあろうはずがない」と開き直っていることに言及した後、「まるで見当違いの低い耐震性で造られた原発について『安全性が確認された』と言って再稼働をしようとしています。そこには、倫理性も、論理性もなく、国や郷土に対する愛情のかけらも感じられません。これを黙って見ているのではなく、憤ってください」（148頁）と呼びかける。

さらに、原子力発電所の稼働がCO2排出削減に貢献し、環境面でも優れているという主張に対して、「原子力発電所でひとたび深刻事故が起こった場合の環境汚染はすさまじいものであって、福島原発事故は我が国始まって以来最大の公害、環境汚染であることに照らすと、環境問題を原子力発電所の運転継続の根拠とすることは甚だしい筋違いである」（169頁）と、頂門の一針。

農民連が発電事業

福島県農民運動連合会30周年記念誌『新たな農へ　たたかいを記憶と記録にとどめて』（2020年3月）の「農村から再生可能エネルギーを興す」とタイトルが付された章は、「東京電力第一原発事故後、福島県農民連は原発の電気を使用しない、自ら使用する電気は自分達で作ることを目標に掲げ、再生可能エネルギー普及に取り組んできた。農村は再生可能エネルギーのポテンシャルを多く持っており、農業経営に取り入れることで経営に安定感をもたらす。自然の恵みを活かす再生可能エネルギー生産は、農業経営に取り入れることが可能であり、今後農村の自立に向けて必須の取り組みになる」から始まっている。

2013年9月、福島県伊達市霊山《りょうぜん》に農民連発電所（105㎾）が設置されたことを皮切りに、県内の農民連の多くが発電事業に着手する。

「農業とエネルギー生産の複業により農家所得の増加、雇用の創出などが可能である」と位置付けたのち、「再生可能エネルギーは地域由来の資源であり、地域の市民や農民、企業が活用していくことこそが重要である。地域内でお金が循環する経済圏の創出に取り組んでいく」ことを宣明して、当該章は結ばれている。

郡山地方農民連も2014年太陽光発電を行う「合同会社のうみんでん」を立ち上げ、翌年315㎾の太陽光発電所を設置した。以後、「合同会社空うない（150㎾）」「合同会社さんで（150㎾）」を設立、「自分たちが使う電気は自分たちで作る」を合言葉に、郡山市内6カ所に太陽光発電所を設置している。この事業に取り組んだことで、財政が安定し専従を2人にしたとのこと。

域内循環型再エネへの期待

「大規模太陽光発電（メガソーラー）パネルの設置を巡って、事業者と近隣住民のトラブルが相次いでいる」で始まる京都新聞（1月31日付）の社説は、「これまで、地域の資源を使って発電し利益を得るのは、主に地域外の企業や投資家だった」ことを指摘する。そして、「地域でつくった電力を地元に供給する、売電益を地域に還元する――。そんな『域内循環』型の再生エネこそ拡大したい。景観や自然に十分配慮したり、収益を地域課題の解決に役立てたりする事業者がきちんと評価、優遇される仕組みが必要だ。環境負荷や災害リスクを高める事業者には相応のコスト負担を求めるのも一策だろう」と、提案している。

まさに福島県農民連の取り組みそのものを評価するような社説である。災禍《さいか》にめげぬ取り組みは、必ずや花開く。「地方の眼力」なめんなよ

（2022・02・09）

物価高騰、格差を拡大す

コカ・コーラボトラーズジャパンは5月1日出荷分から、大型ペットボトル製品の出荷価格を改定する。出荷価格改定率はプラス約5から8％の上昇。理由は原材料価格や物流費の高騰。

「五公五民」に国民一揆

「『五公五民』という言葉があります」で始まるのは、荻原博子氏（経済ジャーナリスト）によるコラム「幸せな老後への一歩」（『サンデー毎日』、2月20日号）。

これは年貢率を表現したことばで、収穫米の半分を年貢として徴収し、残りを農民のものとすること。稼ぎの半分も徴収する重税であるため、農民の生活は苦しく、一揆の要因のひとつでもあった。

財務省が2021年に公表した同年度の国民負担率（（租税負担＋社会保険料）÷国民所得×100）の見通しは44・3％。荻原氏はこれに、「物価の上昇による国民の負担増」を加味して、現状を「五公五民」状態と位置付ける。

「商品先物市場では原油や穀物が高騰」や「円安が進み、輸入品の価格は上がるしかない状況」を展望し、「多くの家庭が大変な状況になるのは必至」と言い切る。そして、政府の無策ぶりに業を煮やして、「現代の『五公五民』の私たちは、百姓一揆でも起こしましょうか」と、アジテーション。

「うまい棒」値上げ余波

「子どもたちの間に衝撃が広がっている」で始まるのは日本経済新聞（2月4日付）。

駄菓子メーカー「やおきん」（東京）が、税抜き10円の「うまい棒」を4月出荷分から同12円に値上げするからだ。なんと、値上げは1979年の発売以来、初めてとのこと。主原料となる米国産トウモロコシや植物油脂の価格上昇が理由。

記事は、「身近な食品や日用品の値上がりが相次ぐ。農産物の不作や原油価格の上昇に、円安が追い打ちをかける。こらえ切れなくなった企業は次々と価格転嫁に動く」「40年以上も同じ価格だったうまい棒の値上げは、若い世代が

『物価は上がるもの』という当たり前の事実に気づくきっかけになるかもしれない」とする。

さらに「消費者の反発を恐れて値上げをためらっていた企業が、強気の価格設定をしやすくなる」ことを指摘し、日銀が目標とする消費者物価指数（ＣＰＩ）の「2％超えがいよいよ視野に入る」と慶祝ムード。かと思いきや、「賃金がそれ以上に上がるのなら問題はない」との条件付き。

なぜなら、「賃上げ率がＣＰＩの上昇率を下回れば、実質的な賃下げだ。人びとの購買力は低下し需要は落ち込む。それでもモノの値段が上がり続ければ物価上昇と景気後退が同時に進むスタグフレーションが現実味を増す」からだ。

米国において、「インフレは止まらず、２０２１年12月の米ＣＰＩは前年同月に比べ７％上昇と約40年ぶりの高水準に達した」ことから、「米国民はインフレへの不満を募らせ、バイデン米大統領は支持率の低下に苦しむ」状況にあることを紹介し、「人びとのインフレ予想の高まりは、想定を上回る物価上昇の波を予感させる」と、先を読む。

生活必需品の高騰は貧しきものを苦しめる

「商品やサービスの価格引き上げが止まりません。相次ぐ値上げは家計を直撃し、消費を冷え込ませます」と憂慮するのは、しんぶん赤旗（2月8日付）が紹介する、民間シンクタンク・みずほリサーチ&テクノロジーズが1月27日に発表したリポート「必需品の価格上昇で家計に逆進的な負担発生～低所得世帯の負担は消費増税2％超に相当するインパクト～」（調査部経済調査チーム　エコノミスト　嶋中由理子《しまなかゆりこ》）。極めて示唆に富んでいる。当コラムの責任で、リポートの要点をつぎの5点に整理した。

（1）消費者物価の上昇が今後も続くと予想し、食料・エネルギー価格の上昇によって、２０２２年の家計の負担額が年収階層別にどれだけ増加するかを定量的に試算した。２０２２年の食料（生鮮食品除く）価格の上昇率を前年比＋３・３％、エネルギー価格の上昇率を同＋９・１％と想定した。

（2）結果、家計負担額は年収300万円未満世帯で平均42,339円、年収1,000万円以上世帯で平均67,998円増加する見込みとなった。年収に対する負担率（食料・エネルギーの負担額／年間収入）の増分を比較すると、年収1,000万円以上世帯で0.5ポイントの増加にとどまるが、年収300万円未満世帯では1.8ポイントの増加となり、低所得世帯ほど相対的に負担が重くなる。

（3）（2）の結果は、いわゆる消費税の逆進性（低所得世帯ほど税負担率が大きくなること）とよく似た構造である。2014年の消費税率が5％から8％へ3％引き上げ時における研究成果（山本康雄「消費税率引き上げに伴う家計負担～年収階層別の影響試算」『みずほインサイト』2013年10月3日）によれば、3％の消費増税により、年収300万円未満世帯は収入対比でみた税負担率が2.4％ポイント増加。単純比較ではあるが、今般の物価上昇による低所得世帯（年収300万円未満世帯）の収入対比でみた負担増は、消費増税3％のインパクトの4分の3（＝1.8ポイント／2.4ポイント）、すなわち消費増税2％超のインパクトに相当すると計算でき、低所得世帯に大きな負担がかかることが確認できる。

（4）低所得世帯の家計に相対的に大きな負担が発生するため、低所得世帯ほど生活必需品以外の支出を大きく減らす行動を選択することが見込まれる。特に、教育費の切り詰めによる教育格差拡大も大いに懸念させる。

（5）以上から、コロナ禍で苦しんでいる低所得世帯にとって、生活必需品を中心とする足元の物価上昇は、まさに二重苦ともいえる状況。すでに子育て世帯への臨時特別給付金や、住民税非課税世帯等に対する臨時特別給付金の実施が決定しているが、政府には物価上昇に対して低所得世帯の負担を軽減する対策（低所得世帯に対する追加的な給付金等）が求められよう。

「負の連鎖」を食い止めるために打てる手は打て

しんぶん赤旗も、「生活必需品の値上げは低所得者層の生活をさらに悪化させ、貧富の格差を広げることにつながります。……非正規雇用労働者などにとっては、所得の減少に加えて物価上昇で二重の打撃」となることを指摘し、最低賃金の大幅引き上げを含む賃上げに向けた取り組み、生活困窮世帯への給付金、そして消費税減税を求めている。

「内閣府が公表した調査で若年層の所得格差が拡大していることが分かった」で始まる東京新聞（2月9日付）の社説は、「若年層の格差が開いたまま次世代に推移していく『負の連鎖』」を危惧し、「今、手を打たなければ、格差が修正不能なレベルで世代全体に行き渡るのは時間の問題」と、警鐘を鳴らす。

「聞く力」が自慢の岸田首相！ 聞こえているかこの警鐘が。早くやらなきゃ、一揆だぞ！

「地方の眼力」なめんなよ

（2022・02・16）

水田活用交付金見直しは与党の公約違反

「農業が生き残るのは、競争力などではなく、その国に農業を守る意志があるのかどうか、その一点にかかっている」（農民作家・山下惣一氏「振り返れば未来」、西日本新聞2月15日付）。

「水田活用の直接支払交付金の見直し」事案の要点

「令和4年度予算においては、主食用米の中長期的な消費減少を踏まえ、米の需給安定を図るため『水田活用の直接支払交付金』による転作支援を措置。当該交付金について、輸出用米や高収益作物への作付転換を進めるべく、産地交付金による飼料用米等への転作支援の加算措置を原則廃止するとともに、今後5年間に一度も米の作付けを行わない農地を交付対象外とする等の見直しを実施」と記しているのは、『令和4年度農林水産関係予算のポイント』（令和3年12月野村主計官）における「4　米の需給安定と水田農業の高収益化の推進」の項。

これが、「水田活用の直接支払交付金の見直し」事案の中核部分。主な見直し内容は、次の3点に整理される。

（1）今後5年間（2022から26年度）で一度も水張り（水稲作付）が行われない農地は、27年度以降交付対象としない。

（2）多年生牧草については、種まきから収穫まで行う年は現行通り10ａ当たり3万5000円。しかし、収穫のみを行う年は同1万円に減額。

（3）飼料用米などの複数年契約は、22年産から加算措置の対象外。20、21年産の契約分は10ａ当たり6000円加算に半減。

農家への打撃は必至

北海道新聞（2021年12月16日付）の社説は、この見直しの震源を「補助金頼み助長と批判する財務省の審議会が、財政圧迫リスクを問題視したため」と睨んだうえで、「道内では昨年度、都道府県で最も多い536億円が支給された。（中略）交付金が経営の支えだった農家への打撃は必至だ」と、危機感を募らせる。

今後5年間に一度も水稲を作付けしない水田を除外する方針については、「完全に畑地化すれば土地評価額が下落し、農協からの借り入れで担保割れする恐れもある。逆に食用米作付け継続を促しかねない」とする。

さらに〝魅力的な産地づくり、高収益作物の導入・定着を支援します〟という農水省の姿勢に対しても、「栽培体系確立にも時間が必要だ。そもそも『もうかる作物』に偏重する対応には疑問が残る」と指弾する。

岸田文雄政権が農政ビジョンを明確にしないことに不満を表し、「矢継ぎ早に変わる『猫の目農政』に産地は疲弊した。生産や流通を再構築し、低迷する食料自給率向上を図ることが急務だろう。新自由主義脱却をうたう岸田首相は農政の転換も示すべきだ」と、正論を突きつける。

寝耳に水の机上の空論が、農業経営を追い詰める

「農民」（2月7日付）によれば、農民連と農民連ふるさとネットワークは1月26日、農水省に対し、「生産調整に協力し、転作作物の生産拡大に取り組んでいる農家に対する重大な裏切りであり、水田・日本農業を維持できなくさせるもの」として、見直しの撤回と農家経営の支援強化を求めた。想定内ではあるが、農水省は撤回拒否。ただ、農水省は「今回の見直しは飼料用米に手厚かった交付金を改め、麦・大豆の本作化、高収益作物の導入・定着をめざすもの」と述べたそうである。

さらに同紙は、次のような現場からの叫びを紹介している。

「転作割合の高い北海道では、交付金がなくなれば経営が続けられなくなる。土地改良区への支払いもできなくなる。これでは農家も農業団体も立ち行かなくなる」（北海道農民連）

「農協も県も〝寝耳に水〟だと言っている。飼料が高騰し、輸入牧草が入ってこないなか、牧草の補助金単価を引き下げるの

はムチャクチャだ」（福島県農民連）

「転作でソバをつくっているが、水田のままだとソバが育つ土壌にならない。ソバ用の土壌にするには、作り続けなければならない。5年に1度水田に戻せなどというのは机上の空論だ」（長野県農民連）

JAグループは責任を果たせ

日本農業新聞（2月12日付）も、飼料用米以外での転作を促す農水省の姿勢に苦慮する産地の声を伝えている。

中山間地は山から水が流れてきて乾田にならないため「麦類も大豆も栽培が困難」、かつ高齢化のため「新たな品目を作るのは難しい」（福島県田村市、農家）

「22年産の組合員への推進では急な方針転換は難しい」（青森県JA十和田おいらせ）、「農地維持のために、1枚当たりの面積が小さかったり、機械が入れなかったりするような場所だから米を栽培している」（同JA専務）

「…飼料用米は依然、転作の柱。急激な方針転換は困難だ」（JA関係者）

また同紙は、「財務省の諮問機関、財政制度等審議会は昨年12月、22年度予算編成に向けた意見書で、水田活用交付金について、米の需要減で転作面積が一層増えることを懸念し『転作助成金の膨張を招き財政的持続性へのリスクさえはらんでいる』との認識を示した。さらに、飼料用米を念頭に、大規模経営ほど『収益性が低く、補助金交付の多い転作作物』を作る傾向が強いとも指摘した。助成負担が比較的軽く、『高収益作物』と位置付ける野菜・果実などへの転換を促すべきだとした」として、今回の見直しには「財務当局の厳しい目」が影響していることを示唆している。

当該意見書（令和４年度予算の編成等に関する建議）の「５．農林水産」を読んで驚いたのが次の３点。

（１）食料自給率についても、多面的機能についてもまったく触れられていない。

（２）そこで指摘されている内容と「農林水産関係予算」の編成には齟齬《そご》が見られない。

（３）審議会の委員（臨時も含む）に農林水産が有する「価値」を語れる人がいない。

残念ながらこの国に、そして悲しいかな農水省に、この国の「農業を守る」意志はない。

ところで、日本農業新聞のこの記事の最後に、「自公両党は、水田活用交付金など水田フル活用予算について、恒久的に確保することを昨年の衆院選公約で掲げている」と、思わせぶりに書かれている。

選挙で自公両党を担いだＪＡグループには、この選挙公約を守らせる責任がある。忘れたとは言わせない。

「地方の眼力」なめんなよ

（２０２２・03・02）

ウクライナ国民に平和を

「死にたくない」（地下シェルターの少女）

「3時間くらい歩き続けていたところで僕たちは助けてもらったんだ。でもパパはキエフに残ったんだ」（バスで国外に避難する少年）

「プーチンこの少女の惨状を見ろ。おまえにはこの悲しみがわからないのか」（医師。砲撃を受けた6歳の少女の蘇生を懸命に試みるが…）

（3月2日ＮＨＫ「おはよう日本」7時台より）

「安倍氏発言の愚」の見出しに愚ジョブ！

「ウラジミール、君と僕は同じ未来を見ている。ゴールまでウラジミール、二人の力で駆けて、駆けて駆け抜けようではありませんか」と、2019年9月5日のロシア・ウラジオストクにおける通算27回目の日ロ首脳会談で、時の安倍総理大臣は、浮いた歯が抜け落ちるようなセリフを吐いた。「こいつぁ、バカだな」と言わんばかりのプーチンの表情が思い出される。

バカさついでに、これまでの黒歴史を白に変えるくらいの気概を持って、クレムリンに乗り込みプーチンを説得するかと思ったが、そんな器量も度量もない。それどころか、ウクライナ危機に乗じた発言で黒の上塗り。

2月27日放送のフジテレビの番組で、北大西洋条約機構（NATO）加盟国の一部が採用している、米国の核兵器を自国領土内に配備して共同運用する「核シェアリング（共有）」政策について日本でも議論すべきだとの考えを披瀝した。

日本が非核三原則を持ち、核拡散防止条約（NPT）に参加している点に触れ、「被爆国として、核を廃絶する目標は掲げなければならない」と保険をかけたうえで、ロシアのウクライナ侵攻を踏まえ「世界の安全がどのように守られているのか。現実の議論をタブー視してはならない」とも述べている。

また、ソ連崩壊後にウクライナが核兵器保有を放棄する代わりに米国とロシア、英国が主権と安全保障を約束した1994年の「ブダペスト覚書」に言及して、「あの時、戦術核を一部残していたらどうだったかとの議論もある」と指摘するなど、核共有を巡り「日本もさまざまな選択肢を視野に入れて議論すべきだ」と強調した。

ちなみに、東京新聞（3月1日付）は「安倍氏発言の愚」という、見事な見出しで紙幅を割いている。

「核廃絶」で平和と安全な世界を

中国新聞（3月1日付）の社説は、「核戦争が現実のものとなりかねない状況の中、あろうことか、被爆国の元首相から、許しがたい発言」「危機に便乗した問題発言であり、日本が堅持する非核三原則にも反している」と指弾する。「非核三原則を堅持するわが国の立場から考えて、認められない」と述べた岸田文雄首相に対しては、「安倍氏に発言撤回を求めるべき」とする。

さらに、「核兵器が存在する限り、使用される恐れがある。偶発的な事故やテロリストの手に渡るリスクだけではない。今回のように保有国の指導者が愚かな判断を絶対しないとは断言できない。ひとたび核が使用されれば敵も味方もない。抑止力が機能しないことは明らかだ。それに国際社会が気付いたからこそ、核兵器禁止条約はできたはずだ。平和と安全のためには廃絶しかない。究極の非人道兵器による悲惨を知る被爆国政府こそ、それを世界に発信すべきだ」として、「被爆国として、核に頼らない安全保障の議論をリードすること」を提言している。

確かに、わが国は言うに及ばず、世界中に刃物を持たせてはいけない指導者が続出している。世界平和を目指すうえで、「核廃絶」は絶対不可欠の取り組みである。

警戒すべきは、民意を利用して独り歩きする安全保障政策

これも危機便乗の取り組みのようだが、信濃毎日新聞（3月1日付）の社説は、米海兵隊が2月、沖縄県内の米軍施設を離島に見立て、自衛隊の戦闘機も加わった大規模な訓練を実施したことを取り上げている。岸信夫《きしのぶお》防衛相は「緊急事態での両国の対応に関わる。事柄の性質上、詳細は差し控える」と説明を避けたことなどから、「政府は、中国や北朝鮮の脅威を理由にすれば、どんな無理も通ると考えているのか」と憤る。

さらに、「専守防衛を転換する『敵基地攻撃能力』の検討は、議事内容も開示せず進めている。海兵隊が那覇港湾施設で主目的にない訓練を実施しても、国は『主目的に沿っている』と米側をかばう」と、怒りは収まらない。

愚かな安倍氏の発言を「非核三原則をないがしろにしており、聞き捨てにできない」と斬り捨て、「中国を封じ込めたい米国の戦略に追従するのでは、国内が戦禍に見舞われる危険はかえって高まる」としたうえで、「自立した地域の営みを求めるアジアの国々の声を糾合《きゅうごう》し、米中両国に関与して衝突を防ぐ——。妥協点を探って対立を和らげる外交を二の次にしてはならない」と、冷静で賢明な行動を希求する。

そして、「米軍基地や自衛隊駐屯地の建造に、沖縄や鹿児島の住民がどんなに反対しても、政府は取り合わず受け入れだけを強要する」ことを指摘し、「いま警戒すべきは、中国の出方以上に、民意を利用して独り歩きする安全保障政策の方だろう」とはお見事。

こんな涙は誰も流したくない

西日本新聞（3月1日付）によれば、核兵器使用を示唆したプーチン大統領に発言撤回などを求めた、長崎の被爆者5団体が2月28日長崎市内で記者会見を開いた。長崎原爆被災者協議会の田中重光《たなかしげみつ》会長（81）は、核兵器禁止条約が発効した中での発言を「蛮行」と表現。抗議文ではロシアの発言について「条約を完全に無視し、欧米諸国をどう喝している」と批判し、軍の撤退なども求めた。
長崎市の田上富久《たうえとみひさ》市長と広島市の松井一実《まついかずみ》市長もこの日、連名でプーチン氏宛ての抗議文を大使館に送付したとのこと。
「核兵器がある限り（使用の）リスクは消えない。なくす方向へ議論を進めなければ」（田上長崎市長）
「核抑止力を信奉していることは明らかだ」とプーチンを批判（松井広島市長）

記者会見の写真には、涙を拭う田中氏の姿が。

「80数年前に体験した光景が目に浮かんでくる」(NHK長崎 NEWS WEB 2月28日)と語る氏の人生は、戦争と原爆によって、涙と共にあったのだ。

恐怖のなかを逃げ惑う罪なきウクライナの人々も、生ある限り、プーチンの蛮行によって涙を流し続けなければならない。

「地方の眼力」なめんなよ

(2022・03・09)

プーチンが教える原発リスク

選手が悪いわけではない。だけれども、パラリンピックを観る気がしない。理由は簡単、ウクライナ。

原発攻撃、超えてはならない一線

「ロシアはウクライナへの侵攻に加え、原発などの施設を攻撃するという、越えてはならない一線を越えた。世界の人々を危険にさらす行為で、決して許容できない」で始まるのは、福島民友(3月8日付)の社説。

爆発事故のあったチェルノブイリ原発を制圧したロシアは、欧州最大規模で一部稼働中のザポロジエ原発に砲撃し支配下に置く。そして、核物質を扱う東部ハリコフの「物理技術研究所」を攻撃し、複数の施設を破壊した。

「稼働中の原発への軍事攻撃は史上初めての暴挙」と指弾し、「原子力災害が確認されていないのは、偶然にすぎない」とする。

「原発事故は多くの人の暮らしを崩壊させ、収束させるには途方もない時間がかかる。それを最もよく知る国として、日本政府は各国の先頭に立って、ロシアに対し攻撃をやめるよう、求めていかなければならない」と訴える。

被災地の計り知れぬ苦悩

廃炉作業が進められている東京電力福島第一原発敷地の最終的な状態について萩生田光一経済産業相が衆院予算委員会の分科会で「具体的に今の時点で示すのは難しい」との見解を示したことを取り上げるのは、福島民報（3月8日付）の論説。

「廃炉後の姿は被災地の復旧・復興に大きな影響を及ぼす。目標なく作業が進めば、ずるずると『最終処分場』化する恐れがある」ため、「早急に明確にするよう政府に迫らねばなるまい」とする。

「廃炉作業に伴って出る溶融核燃料や大量の高レベル放射性廃棄物の処分方法や処分先が決まっていない」ことから、「このままだと『処分方法が決まらないので当面は敷地内に仮置きする』と被災地に再び負担を強いる結果になりかねない」と憂慮する。

そして政府に対して、「被災地の意向を最優先して廃炉の最終形をまとめ、実現に向けた責任を負わねばならない。（中略）放射性廃棄物の処分に向けた取り組みを着実に進める必要がある。（中略）約束が反故とならないよう除染廃棄物の県外処分同様、法的な担保も求めるべきだ。先送りは許されない」と厳しく迫る。

デタラメな廃炉工程

東京新聞（3月8日付、夕刊）で、吉野実《よしのみのる》氏（在京テレビ局記者）は、廃炉がいかに困難な工程であるかを教えている。

わが国の政府は、福島第一原発（1Fと略）の事故発生当初から「廃炉まで30〜40年」としてきた。だとすれば、廃炉まで最長29年となる。しかし事故発生から一貫してこの事故の収束を取材してきた経験から、「絶対に不可能」と断言している。

第1の理由は、メルトダウンした燃料デブリの処理。推計880トンにも及ぶ燃料デブリの取り出し準備は遅々として進んでいない。極めて希望的見解である「現在のロボットアームで持ち上げられるのは最大で10キロ」（三菱重工）であることや故障などがないという大甘の前提でも、年3・65トン、241年かかる。現時点で数10キロ単位で取り出す方法はなく、開発のめどすら立っていないことから、「29年廃炉」は荒唐無稽《こうとうむけい》とする。

第2の理由が、福島民報が取り上げた廃棄物の処分場問題。

「1Fから出るデブリを含めた廃棄物は最大で780万トン」（日本原子力学会）。

「低レベルの放射性廃棄物すら処分場の確保に苦労している現状を見れば、高レベル放射性廃棄物を含む1F由来の膨大な廃棄物の受け取り先を見つけるのは到底不可能」とする。

にもかかわらず、経産省が試算する1F廃炉費用22兆円には、廃棄物処理費用は含まれていないとのこと。

29年、22兆円という数字がいかにデタラメであるか、そして、このデタラメさを放置し続ける姿勢が「1F事故収束を陳腐化させ、ひいては日本のエネルギー政策に対する信頼を毀損《きそん》する」と、警鐘を鳴らしている。

米軍ヘリから放射線

「東村《ひがしそん》高江の民間地に米軍の大型ヘリが不時着し炎上した2017年の事故で、ヘリの部品から、自然環境の5千倍となる強い放射線が検出されていたことが分かった。海兵隊が翌年までにまとめた報告書を本紙が米情報公開法で入手した。汚染の具体的な数値が判明したのは初めてだ。衝撃的な値である」で始まるのは沖縄タイムス（3月4日付）の社説。米軍の姿勢は、沖縄を、そしてこの国をなめきった、デタラメなものである。

「米軍は当時、事故機が放射性物質を積んでいたことは認めつつ『健康被害を引き起こす量ではない』と説明していた。ところが検出された数値について、専門家は『非常に高い値で健康被害がないとは言い切れない』と指摘する」ことから、米軍による隠蔽《いんぺい》を示唆している。

「そもそも民間地で起きた事故にもかかわらず、日本側が環境調査も捜査も直ちにできない現状は異常だ」とし、「民間地である以上、米軍に国内法を適用すべきだ」と訴える。

めざすは原発ゼロ社会

日本世論調査会が行った「『東日本大震災11年・原発』世論調査」（1月19日から2月28日の間実施。有効回答1841）で注目したのは、次の3項目。

（1）政府は原発の再稼働を進めているが、福島第一原発事故のような深刻な事故が再び起きる可能性については、「可能性がある」87％、「可能性はない」13％。

（2）原発を今後、どのようにするべきかについては、「今すぐゼロにする」5％、「段階的に減らして、将来的にはゼロにする」64％、「段階的に減らすが、新しい原発をつくり一定数を維持する」25％、「新しい原発をつくり、将来も積極的に活用していく」5％。
（3）国の高レベル放射性廃棄物の処分計画（ガラスで固めて金属容器に入れ、地下30メートルより深い岩盤に埋めて、数万年以上、人間の生活環境から遠ざける）の安全性については、「安全だと思う」22％、「安全だとは思わない」76％。

以上より、9割の人が福島第一原発事故のような深刻な事故が再び起きる可能性を認め、8割近くの人が廃棄物の処分計画について安全性を認めていない。そして原発の今後については、7割の人が原発ゼロを求めていることが明らかになった。

プーチンの原発をターゲットにした蛮行と原発事故収束の困難性は、人類に原発ゼロに向かって歩み出すことを教えている。

「地方の眼力」なめんなよ

（2022・03・16）

農林漁業が隠岐ジオパークを守る

3月13日に島根県隠岐《おき》郡隠岐の島町の民主団体が主催する講演会に招かれた。言うまでもなく、隠岐の島は離島。

離島への若き日の思いを反省

外周0・1km以上の合計6、848島に北海道、本州、四国、九州の4島を加えた6、852島が日本の島の合計。最も多いのが長崎県で971。第2位が鹿児島県の605。長崎県の多さは突出している。島根県は369で第4位。

長崎市生まれの当コラム、高校には五島列島や対馬から来た生徒が多数いた。県庁所在地に生まれ育った者が、まったく根拠のない優越感から、彼ら彼女らに接していたことを決して否定しない。東京や大阪に出れば、「西の果て長崎の田舎者」と、上から目線で見られるということも知らずに。

そんな若き日の反省の気持ちも込めて、講演の依頼を引き受けた。はじめての隠岐、土地勘を得るため、10日から隠岐諸島4島を訪れた。

隠岐諸島は、島根半島の北方約50kmに位置する島々で、島後《どうご》水道を境に島前《どうぜん》と島後に分けられる。島前は「島前3島」と呼ばれる知夫里島《ちぶり》（知夫村《ちぶ》）、中ノ島（海士町《あま》）、西ノ島（西ノ島町）から構成される群島である。これに対し、島後は1島（隠岐の島町）のみである。隠岐諸島の人口は約2万人弱で、管轄する隠岐支庁の所在地は隠岐の島町である。

多面的機能と隠岐ジオパーク

主催者から頂いた演題は「農林漁業は島の宝―第1次産業の多面的機能を見直そう―」。

講演で重宝しているのが、数年前まで『食料・農業・農村白書』に掲載されていた、「農業・森林・水産業の多面的機能」とタイトルが付された図。

山から海までを描いた図に、「地球環境保全機能」「水源涵養機能」「生物多様性保全機能」などから始まって、「良好な景観の形成機能」「文化の伝承機能」「気候緩和機能」、そして「海域環境保全機能」「伝統漁法等の伝統的文化を継承する機能」「海域環境の保全やモニタリング機能」、さらには「国境監視機能」等々の多面的機能が付置されている。参加者からは、「この図は隠岐のことを書いたものかと思った」との声が聞かれたが、それ以上のスケールで紹介されねばならないのが隠岐諸島。

それを端的に言い表しているのが「ジオパーク（Geo ＋ Park：地球の公園。地球を知ることができる場所）」である。

２０１３年９月に、隠岐諸島および海岸から１㎞の海域を合わせた、６７３・５㎢の範囲が「隠岐ユネスコ世界ジオパーク」（隠岐ジオパーク）として世界ジオパークネットワークに認定されている。ガイドマップには、「独特の地質を持ち、日本海に囲まれた環境ならではの地形があります。そこには離島の暮らしや景観、自然があり、離島だからこそ、それらの間のつながりが見やすくなっています」と記されている。

離島におけるコスト問題

このジオパークを守り続けるためには、多面的機能を創出する、環境と調和した農林漁業の持続的営みが必要となる。しかし、第１次産業の持続は容易ではない。

例えば、隠岐島後森林組合では、本土への木材の輸送費が高く、「高値を付ける市場があってもそこまで運べない」という問題点が強調された。

２０１８年度に島根県が実施した、隠岐地域における物価・物流に関する実態調査によれば、隠岐地域の物価は、本土（松江市）と比較すると、２割程度割高である。

確かに滞在期間中、いろいろな商品が本土並みか、それ以上の価格であることを知った。その原因のひとつが輸送コストである。

「有人国境離島法」の貢献と不可欠な延長と充実

その輸送コスト問題を軽減するために注目したいのが、2016年4月、議員立法で成立した、いわゆる「有人国境離島法」。

それは「特定有人国境離島地域」（有人国境離島地域のうち、継続的な居住が可能となる環境の整備を図ることがその地域社会を維持する上で特に必要と認められるもの）への適切な配慮を国および地方公共団体に求めている。

これに従い、隠岐諸島4町村は、隠岐―本土間の航路・航空路の運賃助成を実施している。

隠岐の島町の場合、フェリー片道運賃（大人）は、助成前3、510円が助成後1、420円、高速船では、助成前6、680円が助成後3、020円、航空機（隠岐―出雲）では、助成前14、100円が助成後5、600円となっている。

島根県が実施した「有人国境離島地域における施策の効果等実態調査」の概要版（2019年3月）の考察では、「有人国境離島法に基づく、航路・航空路の島民運賃低廉化により、移動のための経済的負担が軽減され、島外へ出かけやすくなったことにより、島民の満足度は高い」と高評価であることが示されている。だからこそ「制度の継続、対象の拡大、手続きの簡素化、乗り継ぎ等の利便性向上などの声も多く、制度の継続やより利用しやすい環境にすることで、更なる利用増も見込まれる」という点に注目しなければならない。

自由意見においては、「割引運賃制度の継続」を望む声に加えて、「対象を島民以外・車輌運送費・大阪便の航空路への拡大の提案、増便による利便性向上」を望む声があったことを決して無視してはならない。

もちろん現在も、地域社会維持交付金や離島活性化交付金などを活用し、農林水産品などの移出や生産に必要な原材料等の移入に係る海上輸送費の支援はあるが、島内産業の置かれた状況を考える時、よりいっそうの支援が不可欠である。

本土においては公共事業として交通網（ハード）が整備される。他方、離島においては、航路や航空路に直接かかわるハードの建設や整備の必要はない。必要なのは低コスト化と利便性の向上というソフトの整備である。島民と島内経済にとって本土との交通手段は、文字通り生命線（ライフライン）。徹底したソフトの整備が永続してなされない限り、島と本土の格差は拡大するばかりである。

日本世論調査会が実施した「夏の参院選　全国世論調査」（1月19日から2月28日の間で実施。有効回答者数1841人、回収率61・4％）において、参院選の争点を問われて、「地方創生、東京一極集中是正」をあげたのはわずか4％。3つまで選べるにもかかわらず。国民のまなざしは本土内の地方はもとより、離島にすら向けられていない。この程度の国民の意識では、世界に認められる隠岐ジオパークの維持は困難である。

「地方の眼力」なめんなよ

（2022・03・23）

線路よつづけどこまでも

「線路はつづくよ　どこまでも　野をこえ　山こえ　谷こえて　はるかな町まで　ぼくたちの　たのしい旅の夢　つないでる♪」『線路はつづくよどこまでも』（佐木敏作詞・アメリカ民謡・吉川和夫編曲）。悲しいかな、その線路が続かなくなっている。

北海道新幹線延伸と在来線の廃止

ＪＲ北海道が2月上旬に計３５００本も運休したことは記憶に新しい。

「サンデー毎日」（4月3日号）は、「原因は自然現象とはいえ、除雪車が故障するなどして運行再開の時間を何度も変更したＪＲに批判が集まった。ＪＲは近年、不採算路線を廃止し続けてきたこともあり、道民の不信感が高まっている」とする。

そして、２０３０年度開業予定の北海道新幹線延伸部（新函館北斗―札幌間）と並行する函館本線の長万部―余市間（約１２０㎞）の事実上廃止決定を取り上げる。

近年、開業新幹線と並行する在来線のほとんどは、ＪＲから切り離され、地元自治体出資の第三セクターが経営を肩代わりしてきた。しかし、同延伸部の沿線9市町の首長は2月の会議で「町の財政を考えたら、第三セクターで鉄道を運営するのは無理」と判断し、バスへの転換を選んだ。

「ＪＲが出してきた資料は廃止を前提としたものとしか考えられませんでした。存続するには自治体の負担が大きく、議論を深めるには至りませんでした」（バス転換を容認した佐藤聖一郎《さとうせいいちろう》仁木《にき》町長）

「せっかく先人が築いたインフラ。廃止は地方を縮小させます。しかし貨物輸送に使わない現状では赤字を解消できません。第三セクターにすれば、赤字が年間数億円にも上り自治体が負担するのは無理。国が支援するべきです」（ＪＲや国土交通省との対決姿勢を鮮明にした齊藤啓輔《さいとうけいすけ》余市《よいち》町長。役場に問い合わせたところ、当該区間を貨物が通っていない主な理由は、単線であることと、貨物重量に対する線路の耐性問題、とのこと）

「公共交通という大前提を考えて、国を動かせる政治家が今の北海道にはいません。新幹線と引き換えに在来線の廃止が決ま

り、地方がますます衰退することが分かっていても、結局はあきらめるしかないのです」（ＪＲ廃止問題と直面したある元町長）

まちづくりや生活の質にも影響を及ぼす減便

「地方鉄道の経営が厳しさを増し、運行本数を削減する動きが加速している」で始まる京都新聞（3月21日付）の社説は、「ＪＲ西日本が在来線で運行を取りやめたり運転区間を短縮したりした本数は５３０本で、昨年10月改正時の約4倍だ」として、「減便は通勤通学や外出の利便性を低下させ、まちづくりや生活の質にも影響する」と警鐘を鳴らす。関西6府県などでつくる関西広域連合が「住民の生活基盤を揺るがしかねない」と危機感を表し、コロナ後は減便を元に戻すよう要望したことを紹介したうえで、「見通しは厳しい」とする。

「大都市部の路線や新幹線で稼いだ収益でローカル線の赤字をカバーしてきたやり方が成り立ちにくくなってきた」ことをＪＲ西日本が強調し、不採算路線に関し、「今考えなければ地域の輸送自体が廃れてしまう。新幹線や都市圏のサービスに影響を与えかねない」という姿勢を示していることを伝えている。

「経営努力だけで乗り切るのが難しいのは確かだ」とＪＲの立場に理解を示し、「将来を見据え、鉄道事業者と沿線自治体が地域の公共交通の在り方を具体的に描いていくことが必要だ」とする。

厳しい被災鉄路の復旧

災害によって不通が続く、ローカル線の復旧がいかに厳しい状況にあるかを伝えているのは、西日本新聞（3月23日付）。

国土交通省と熊本県が3月22日に、2020年7月の熊本豪雨で被災し、一部区間で不通が続くJR肥薩《ひさつ》線の復旧方法の検討会議を初めて開いた。同会議では、230億円に上るとされる復旧費用の負担問題や復旧後の路線維持の方策が主要課題となる。

JRの負担軽減策はあるようだが、「JR九州としては、これまでに経験したことのない額。普及にはランニングコストも考える必要がある」と訴えるのは、古宮洋二《ふるみやようじ》氏（JR九州取締役専務執行役員）。「肥薩線は観光のシンボル。国はJR側の負担を減らす手だてを考えて」と、早期復旧を願うのは、堀尾謙次朗《ほりおけんじろう》氏（人吉温泉旅館組合長）。「災害復旧で財政が悪化しており、費用を拠出できるのか」とは、鉄道復旧後の維持費負担を心配する、ある自治体幹部。

つながってこその鉄道

中国新聞（3月13日付）の社説は、今ダイヤ改正で、中国地方で在来線の100本近くの減便に加え、廃線含みで赤字ローカル線を見直す方針を示していることに対して、「民間企業としてやむを得ない面はある一方、鉄道事業者として地域の交通手段を守る使命もあるのではないか」と問いかける。

この4月1日で国鉄の分割民営化から35年の節目を迎えるが、「鉄道は暮らしを支える『公共財』である。それを託された責任を考えれば、採算だけで路線切り捨てやサービス低下はできないはずだ。ローカル線の維持を事業者任せにしていた国や自治体も財政面を含めた支援へ乗り出す時だろう」と、分割民営化の負の側面に鋭く斬り込む。

欧州の国々が、「脱炭素化の切り札に位置付け、利便性向上や維持に政府や自治体が積極的に関わり、まちづくりの手段としても重視する」観点から、鉄道を積極的に活用し始めていることを紹介する。

「運営方法は、鉄道施設を自治体などが保有し、鉄道会社は運行に専念する『上下分離方式』が普及する。欧州連合（ＥＵ）は、輸送量を２０５０年までに3倍にする目標を掲げる」ことを示し、「事業者に任せきりで、採算が価値の物差しとなってきた日本の鉄道の在り方が問われよう。地域の生活を守るのは政府の役割である。今は中小の鉄道事業者に限られる補助制度をＪＲにも使えるようにするなど、財政的な支援で前面に出るべき」とする。

さらに「高齢者ら交通弱者の移動手段確保や中高校生の通学での教育支援に加え、二酸化炭素の排出の少なさや定時性など採算だけで計れない価値がある」と、その多面的機能を指摘する。

そして、「鉄道はネットワークであることが重要なインフラだ」との考えに立ち、「『残してほしい』と要望するだけでなく、まちづくりにどう位置付けるかをしっかり議論する必要がある」と、自治体に訴える。

たのしい旅の夢をつないでくれない、寸断され、ネットワークを形成していない、「つづいていない鉄道」の価値は低い。

「地方の眼力」なめんなよ

（２０２２・03・30）

ヤジはシンゾウにこたえます

ＨＢＣテレビ『ヤジと民主主義〜小さな自由が排除された先に〜』（２０２０年4月26日放送）。ユーチューブで絶賛放映中。

「政治的な表現行為」としてのヤジ

2019年7月、札幌市内で参院選の街頭演説をしていた安倍晋三首相（当時）に「安倍辞めろ」などとヤジを飛ばした札幌市の男女2人が、北海道警に不当に排除されたとして、北海道に計660万円の損害賠償を求めた。3月25日、この訴訟に対し、札幌地裁広瀬裁判長は、「具体的なトラブルがなく、道警が主張するような危険な事態ではなかったとして排除を違法」「原告のヤジを『政治的な表現行為』に当たるとし、警察官が『首相の街頭演説にそぐわないもの』と判断してヤジを制限したと推認し、『表現の自由を侵害した』と結論づけ」、よって計88万円の賠償を命じた。

警察は何を取り締まるべきか

「道警は判決を謙虚に受け止めて猛省し、一連の行為を検証して道民の信頼回復に努めるべきだ」とするのは、北海道新聞（3月26日付）の社説。

「そもそも道警が法的根拠を示したのは7カ月後だった」ことから、「聴衆からの政権批判の排除が先にあり、後付けの理屈によって正当化を図った疑いが浮かぶ。組織的指示の有無について道警は検証し明らかにすべきだ」と迫る。

「民主国家では、国民が主義主張を表明し合う中から多数意見が形成され、国政の方向が定まる」とし、「選挙演説の場での市民の異論の表明を保障した意義は大きい」と評価する。

また、「警察が政権党に肩入れした疑念も生じる」とし、「強制力を持つ警察が力ずくで言論を封殺することは民主主義社会にあってはならない」と警告を発する。

信濃毎日新聞（3月26日付）の社説も、「政権を批判する声を警察が力ずくで封じるようなやり方が認められていいはずはない。政治的な意見を表明する自由が民主主義に欠かせないことを踏まえた真っ当な司法判断である」と評価する。

しかし、「札幌の数日後には、滋賀でも首相の演説にやじを飛ばした人が排除されている。翌月の埼玉県知事選では、文部科学相が応援演説をした会場で、大学入試改革の中止を訴えた学生が遠ざけられた」ことに言及し、「公権力によって言論・表現の自由が公然と侵害されたことは重大だ。警察の目におびえて人々が押し黙る、かつてのような息苦しい社会が再び顔をのぞかせていないか。この国の自由のありように、あらためて目を向けたい」とする。

これも忖度ですよ

「『桜を見る会』の招待者名簿は早々にシュレッダーにかけられ、森友学園の決裁文書は改ざんされた。そうした風潮がこの事案に反映されているかもしれない。これでは健全な市民社会は築けなくなる」と、安倍政権下における忖度まん延と関連付けるのは高知新聞（3月29日付）の社説。

「海外に目を移せば、ロシアではデモを取り締まり、批判的な言論を圧殺して、国内の反戦世論を徹底的に抑え込んでいる。ミャンマー、香港では民主派が弾圧される。権力側が事態を自らに都合のいいように進めようとするとき、言論は封殺され、民意はかき消される。権利の後退が何を招くか。近年の国際情勢から学ぶことも必要だ」と訴える。

「警察が市民の『言論』を奪うことこそ、排除に値する」とは、東京新聞（3月30日付）の社説。低レベルのヤジを得手《えて》とする安倍氏は、受け身が不得手。２０１９年の参院選では、ヤジを聞きたくないためか安倍氏の遊説日程が明かされない、なんともみっともない「ステルス遊説」だった。ゆえに、「道警のヤジ排除は同じ思考回路でできていたのではないか」と、道警の忖度を示唆する。

「遊説でのヤジは政治批判の声を一般市民が直接、首相にぶつける希有《けう》な機会」と位置付け、「市民排除に至った意図や経緯も明確に説明すべきである」と、道警に説明を求めている。

「君と僕が見る未来」は言論が封殺された社会なのか

「異論を自由に唱えられるのは民主主義社会の基本の基だ。政治にもの申す行動を萎縮させないためにも、この司法判断は極めてまっとうと言える」で始まるのは、西日本新聞（3月29日付）の社説。

「政治家に求められる重要な資質の一つは、異論にも虚心坦懐《きょしんたんかい》に耳を傾ける懐の深さだ。特に指導的立場にいる政治家が、耳の痛い話を遠ざけるようでは危うい。（中略）異論に対する過剰規制は萎縮を生み、民主主義を損ないかねない。この問題にはもっと神経をとがらせたい」とする。

同紙同日のコラム「春秋」も、「安倍氏への忖度ではなかったか。ロシアでは司法もプーチン氏の言いなりとされる。日本の司法はまだまっとうだと、少し安心した」としたうえで、「安倍氏はプーチン氏に『君と僕は同じ未来を見ている。行きましょう』と呼び掛けたことがあった。（中略）『君と僕が見る未来』は言論が封殺された社会だとは思いたくない」と、オチを付ける。

これも安倍内閣の犯罪だ

牧太郎氏（毎日新聞客員編集委員）は、『サンデー毎日』（4月10日号）で、河井克行《かわいかつゆき》と河井案里が引き起こした大規模買収事件を取り上げている。いったん不起訴になった広島の地元議員を検察審査会の「起訴すべき」との議決に沿い（体調不良の1人を除く）34人を公職選挙法違反で一転起訴としたにもかかわらず、陰の主役である安倍晋三氏に対しては、事情聴取さえなかったことを、牧氏は問題とする。なぜなら、「河井夫婦は現金を配る時、『これ、総理から』

『安倍さんから』と話している」からだ。

「聞くところによれば、広島地検の幹部は捜査の過程で、『官邸が圧力をかけて、買収事件の捜査をやめさせようとしている』と漏らしたらしい」として、「『安倍内閣の犯罪』を隠そうとした！　としか思えない」と、記している。

冒頭で紹介した番組のインタビューで、元道警警視長の原田宏二《はらだこうじ》氏（2004年道警の裏金問題を告発）は、「今回の場合、恐ろしいなぁと思うのは、これをたくさんのマスコミのカメラのいる前で堂々とやったということですよ。あなたたち無視されたんですよ。法的な根拠のないことが、今、平気で行われているんですよ。あっちこっちで。皆さんが知らないだけで…」と語っている。

今夏には因縁の参院選が行われる。内外の情勢を反映し、数々の重要案件が争点となるはず。

沈黙は黙認。ヤジは公認。堂々と、凜として、言うべきことを言い、書くべきことを書き続けねばならない。

「地方の眼力」なめんなよ

■著者紹介

小松　泰信（こまつ・やすのぶ）

1953年長崎県生まれ。鳥取大学農学部卒、京都大学大学院農学研究科博士後期課程研究指導認定退学。（社）長野県農協地域開発機構研究員、石川県農業短期大学助手・講師・助教授、岡山大学農学部助教授・教授、同大学大学院環境生命科学研究科教授を経て、2019年3月定年退職。同年4月より（一社）長野県農協地域開発機構研究所長。岡山大学名誉教授。専門は農業協同組合論。

著書に『非敗の思想と農ある世界』（2009年、大学教育出版）、『地方紙の眼力』（共著、2017年、農山漁村文化協会）、『隠れ共産党宣言』（2018年、新日本出版社）、『農ある世界と地方の眼力』（2018年、大学教育出版）『農ある世界と地方の眼力2』（2019年、大学教育出版）、『共産党入党宣言』（2020年、新日本出版社）、『農ある世界と地方の眼力3』（2020年、大学教育出版）、『農ある世界と地方の眼力4』（2021年、大学教育出版）などがある。

農ある世界と地方の眼力5

令和漫筆集

二〇二三年一月二〇日　初版第一刷発行

■著　者――小松泰信
■発行者――佐藤　守
■発行所――株式会社大学教育出版
〒七〇〇-〇九五三　岡山市南区西市八五五-四
電　話（〇八六）二四四-一二六八㈹
ＦＡＸ（〇八六）二四六-〇二九四
■印刷製本――モリモト印刷㈱
■Ｄ Ｔ Ｐ――林　雅子

ISBN978－4－86692－237－9